UNIMOG

DIE BAUREIHEN 406 / 416
1963–1989

Alexander J. Kraus

Motor
buch
Verlag

Einbandgestaltung: Luis dos Santos unter Verwendung von Fotos aus dem Archiv der Daimler Truck AG

Bildnachweis: Sofern Bilder nicht aus dem Archiv der Daimler AG stammen, befinden sich die Bildquellen unter den jeweiligen Abbildungen; die Rechte an den Bildern verbleiben bei den Urhebern.

ISBN 978-3-613-04549-1

1. Auflage 2023

Sie finden uns im Internet unter:

WWW.MOTORBUCH-VERLAG.DE

Lektorat: Joachim Hack, Joachim Kuch
Innengestaltung: Ralf Weinreich, Halle/S.
Druck und Bindung:
Printed by GPS in Bosnia-Herzegovina

Foto: Ralf Weinreich

Inhalt

Vorwort

Foto: Ralf Weinreich

Mit der Baureihe 406 wurde der Unimog in gewisser Hinsicht erwachsen. Er legte in seinen Dimensionen und im Gewicht, vor allem aber bei seiner Motorisierung zu, und unterschied sich damit markant von seinen zivilen Vorgängern, die in ihrer geradezu zierlichen Kompaktheit noch ganz in der Tradition der Ursprungsmodelle aus den frühen 1950er-Jahren standen. Diese Weiterentwicklung war in den frühen 60ern auch dringend geboten, um das Universal-Motor-Gerät auf der Höhe der Zeit und damit im Geschäft zu halten. Denn der Gegenwind für den Gaggenauer Klassiker war im Lauf der 50er-Jahre vor allem in der Landwirtschaft immer spürbarer geworden und gipfelte vor dem Hintergrund zunehmender Spezialisierung in der Frage: Wer braucht tatsächlich dieses von Beginn an vergleichsweise hochtechnisierte und kostspielige Multifunktionsfahrzeug, das als Generalist nahezu alles sehr gut konnte, aber nur relativ selten unentbehrlich war?

Die Zeiten hatten sich schließlich dramatisch gewandelt: Aus der Nachkriegs-Mangelwirtschaft war das sprichwörtliche Wirtschaftswunder geworden, und damit hatten sich auch die Anforderungen an den „Alleskönner" markant verändert. Die bundesdeutsche Landwirtschaft befand sich in einem tiefgreifenden Wandel hin zu profitableren Betriebsstrukturen, der auch seine Auswirkungen auf die Fuhrparks der einzelnen Höfe hatte. Fortschreitende Mechanisierung und beginnende Automatisierung waren die Zeichen der Zeit und hatten noch in den 1950ern einen wahren Schlepperboom ausgelöst, der sich auf den Unimog gleich mehrfach auswirkte. Zum einen vervielfachte sich, insbesondere im Bereich der kleinen Traktorenklasse, die Zahl der – letztlich auch mit dem Unimog in Konkurrenz tretenden – Marktteilnehmer. Zum anderen erwachten die großen Hersteller aus ihrer anfänglichen Lethargie und beschleunigten die Entwicklung moderner, technisch immer ausgefeilteren Konstruktionen, die auf die grundsätzlichen konzeptionellen Vorteile eines voll auf landwirtschaftliche Einsätze ausgelegten Traktors gegenüber einem Vielzweckfahrzeug wie dem Unimog einzahlten.

Ein weiterer wichtiger Punkt war die Notwendigkeit, parallel zu den steigenden Einsatzanforderungen mit dem Ziel höherer Produktivität, auch die Potenziale der Arbeitsmaschinen zu steigern, und zwar sowohl im Hinblick auf Nutz- wie auf Zuglasten. So markierte der Unimog 406 – abgesehen vom mehr oder weniger reinen Militärmodell Unimog 404.1 bzw. S – den Beginn einer Entwicklung, die dem Multitalent aus Gaggenau zu immer höherer Leistungsfähigkeit verhalf. Dass der Zwang zu wachsender Produktivität in der Landwirtschaft unvermeidlich auch zu einer höheren Spezialisierung der einzelnen Maschinen führte und damit zunehmend das Credo vom »Alleskönner« infrage stellte, veränderte die Marktposition – und damit die Perspektiven – des Unimog, vor allem mit der Einführung der Baureihe 406, grundlegend.

Bei aller unbestrittenen Vielseitigkeit des Gaggenauers wurden im nach wie vor bedeutsamen Marktsegment des Agrarbereichs vor allem die Themen Sitzposition, Übersichtlichkeit und die stets selbstbewussten Verkaufspreise im Vergleich zu herkömmlichen Traktoren, zunehmend kritisch gesehen – insbesondere, wenn eine konkrete Kosten-/Nutzen-Analyse angestellt wurde. Das Resultat waren allmählich erodierende Absatzzahlen in der Landwirtschaft. Um dieser Entwicklung entgegenzuwirken, hatten die Gaggenauer Entwickler bereits vor der Einführung der neuen »schweren« Unimog-Baureihe 406 stärker die Erfordernisse anderer Kundenkreise in den Blick genommen, etwa von Kommunalbehörden oder der Tiefbauwirtschaft. Mit ihrer auf in jeder Hinsicht dramatisch höhere Leistungsfähigkeit abgestimmten technischen Auslegung erschlossen die neuen Modelle erstmals diese bisher weitgehend brachliegenden Marktsegmente auf breiter Front, was angesichts der veränderten Rahmenbedingungen einen bedeutenden und in die Zukunft weisenden Beitrag zur Konsolidierung der Verkaufsergebnisse leistete. Das galt im Übrigen auch verstärkt für Spezialentwicklungen wie die Triebkopf- oder die Zweiwege-Versionen, bei denen die leistungsstarken Unimog-Modelle ab dem 406er zum Teil über Jahrzehnte hinweg weitestgehend ohne Konkurrenz blieben.

So markierte die erste schwere Unimog-Baureihe eine entscheidende Weichenstellung für die Zukunft des Gaggenauer Klassikers. Ohne die Weitsicht und den Mut der Verantwortlichen in Gaggenau und Stuttgart, mit den Modellen der Baureihe 406 neuen Boden zu betreten, wäre – rückblickend betrachtet – das langfristige Überleben dieses einzigartigen Fahrzeugkonzepts weit weniger wahrscheinlich gewesen.

Kapitel 1
Ausgangslage: Der Unimog am Scheideweg

In der zweiten Hälfte der 1950er-Jahre musste sich zeigen, wohin der Weg des Unimog führte. Die Euphorie der Anfangsjahre war der Routine gewichen, durchgreifende technische Impulse blieben aus, und die Verkaufszahlen stagnierten. Die Unimog-Mannschaft in Gaggenau, aber natürlich auch Daimler-Benz in Stuttgart, mussten mit Blick auf das neue Jahrzehnt die Frage beantworten, in welche Richtung das Universal-Motor-Gerät weiterentwickelt werden sollte. Der Unimog war als Kind der frühen Nachkriegszeit gestartet und sein Konzept war auf diese schwierigen Jahre abgestimmt. Weder der Unimog-Vater Heinrich Rößler und seine Mitstreiter noch irgendjemand sonst konnte in den Pioniertagen wissen oder auch nur ahnen, in welche Richtung sich die Dinge in Deutschland bewegen würden. Der Unimog sollte dank seiner zahlreichen Talente einfach dabei helfen, im Interesse einer sichergestellten Versorgung der Bevölkerung möglichst effizient in der Landwirtschaft zu helfen. Nun, gut zehn Jahre nach Kriegsende, hatte sich die Situation komplett gewandelt: In der Bundesrepublik entfaltete sich seit mehreren Jahren etwas, das als Wirtschaftswunder bezeichnet wurde. Ein konjunktureller Aufschwung, unterstützt durch Maßnahmen wie dem Marshallplan und der Währungsreform, sorgte für einen Boom in nahezu allen Wirtschaftsbereichen – auch dem agrarischen, bei dem jede Menge Nachholbedarf bestand.

Die Frage, welche Richtung die Weiterentwicklung des Unimog einschlagen sollte, beschäftigte die Verantwortlichen in Stuttgart und Gaggenau zum Ende der 1950er-Dekade intensiv. Foto: Ralf Weinreich

Goldgräberstimmung

Für den Unimog und seinen Hersteller bedeutete dies zweierlei. Zunächst etwas Erfreuliches: Das von Beginn an in puncto Verkaufspreis schon immer recht selbstbewusst kalkulierte Fahrzeug wurde für einen immer weiteren Kundenkreis interessant, was sich in steigenden und auf gehobenem Niveau weitgehend stabilen Absatzzahlen widerspiegelte. Der Unimog avancierte so zu einem nicht ganz unbedeutenden Umsatzbringer für Daimler-Benz. Auf der anderen Seite veränderte sich unter diesen Umständen aber auch die Wettbewerbssituation für das Gaggenauer Multitalent nachhaltig. Von der in Deutschland schnell um sich greifenden Mechanisierung zwischen Hof und Ackersode wollten auch einhei-

So sah kleinbäuerliches Arbeiten Ende der 1950er-Jahre aus: Ein kleiner, vergleichsweise preiswerter Traktor des norddeutschen Herstellers Normag tut täglich klaglos seinen Dienst. Höhere Anforderungen, wie sie der Unimog erfüllte, wurden vielfach gar nicht gestellt.
Willem van de Poll, CC0, via Wikimedia Commons

mische wie internationale Traktorhersteller profitieren. Waren in der Zwischenkriegszeit Ackerschlepper noch eine Seltenheit in den zumeist kleinen landwirtschaftlichen Betrieben gewesen, so stieg die Nachfrage nach den sprichwörtlichen Stahlrössern ab den 1950er-Jahren rasant – nicht zuletzt bedingt durch den erheblichen Arbeitskräftemangel auf den Bauernhöfen. Man ging am Beginn der 1950er-Dekade mittelfristig von einem bei etwa 1 Million Traktoren liegenden Bedarf aus. Da die großen deutschen Hersteller, wie Deutz, MAN und Hanomag, die sich von den Kriegseinwirkungen relativ schnell wieder erholt hatten, und auch ausländische Firmen wie IHC aus den USA, den schnell wachsenden, von individuellen Kundenbedürfnissen geprägten Markt nicht allein sättigen konnten, schossen kleine, manchmal sogar nur regional verbreitete Traktorproduzenten geradezu wie Pilze aus dem Boden. Vor allem deren Fahrzeuge, so technisch simpel sie auch waren, boten schon einen erheblichen Praxisnutzen und waren dazu noch vergleichsweise preiswert zu haben.

Alternative Traktor?

Der potenzielle Unimog-Kunde aus der Landwirtschaft hatte also durchaus die Qual der Wahl, denn so kleinteilig, wie das deutsche Agrarwesen seinerzeit strukturiert war, wurden die zahlreichen Fähigkeiten eines Unimog – trotz schnell vorankommender Mechanisierung – längst nicht alle benötigt. Zudem gab es auf Kundenseite

Die legendäre Mannheimer Firma Lanz stellte 1951 mit dem Modell Alldog einen ersten Geräteträger für die Landwirtschaft vor und trat dabei ansatzweise in Konkurrenz zum neuen Unimog 2010. Immerhin konnte Lanz ein paar tausend Fahrzeuge der Modellfamilie verkaufen.

Wie immer im markentypischen bläulichen Grau lackiert und mit roten Felgen, stellte Eicher 1955 ebenfalls einen ersten Geräteträger vor. Wie auch die anderen Hersteller bediente man damit einen Nischenmarkt, der nie wirklich große Stückzahlen aufnahm.
Thomas Erler, CC0, via Wikimedia Commons

je nach Art, Größe und Lage des Betriebs zahlreiche individuelle Einsatzprofile, bei denen der Unimog keineswegs automatisch die erste und zugleich beste Wahl darstellte. Ganz im Gegenteil: Während dieser mit allem, was er konnte, eben der Unimog war, gab es bei der Vielzahl vor allem deutscher Traktorenhersteller eine ständig wachsende Angebotspalette an Modellen unterschiedlicher Ausprägungen und Leistungsklassen. Nachgefragt waren anfangs vor allem kleine, zumeist ein- oder zweizylindrige Typen mit maximal 20 PS/15 kW – ein Marktsegment, auf dem sich nicht zuletzt Kleinhersteller wie Bautz, Hatz oder Normag tummelten. Im Lauf des Jahrzehnts entfaltete sich ein ganzes Spektrum von Fahrzeugvarianten bis hin zu leistungsstarken Sechszylinder-Modellen. Sogar Allradantrieb war nicht selten zu haben.

Erste Geräteträger

Dazu kam die Entwicklung von Spezialtraktoren, zum Beispiel mit schmaler Spur, um etwa Obstplantagen und andere Sonderkulturen bewirtschaften zu können – ein Einsatzbereich, wo der Unimog keine wirkliche Alternative darstellte. Ebenfalls bot Lanz in Mannheim schon ab den frühen 1950ern einen ersten sogenannten »Motorgeräteträger« mit Namen »Alldog« an, dem später weitere Modelle folgten. Auch die renommierten Marken Fendt und Eicher versuchten sich auf dem Feld universeller verwendbarer Traktorenvarianten. Fast alle waren mit einer Pritsche und drei Anbauräumen als Geräteträger konzipiert und boten, wie der Unimog, eine Einmannbedienung der verschiedenen Geräte, um eine höhere Arbeitseffizienz zu erzielen. Optisch wirkten diese Fahrzeuge etwas gewöhnungsbedürftig, da der Fahrer ganz hinten saß, unmittelbar vor ihm der nah an die Kabine gerückte Ein- oder Zweizylinder-Diesel untergebracht war und sich statt der üblichen Front-Motorhaube eine recht geräumige Ladepritsche ausbreitete. Beibehalten wurde bei dieser Traktorengattung die Gestaltung der Räder. Hinten wurden die typischen großen, vorne kleine Räder verwendet.

Direkte Konkurrenten: Fehlanzeige

Mit Blick auf rein landwirtschaftliche Einsätze konnte die Spezies der Geräteträger mit ihren Fähigkeiten zumindest teilweise mit einem Unimog konkurrieren, zumal sie deutlich preiswerter angeboten wurden als der Gaggenauer. Doch letztlich blieben ihre Stückzahlen bis auf wenige Ausnahmen recht gering, da sich die Kunden aus dem sich rasch wandelnden Agrarbereich doch lieber für einen traditionell zugeschnittenen Traktor entschieden. Als sich dann gegen Ende der 1950er nach vielen Boomjahren erste Sättigungserscheinungen in Form sinkender Absatzzahlen zeigten, hatte das verschiedene Auswirkungen auf den deutschen Ackerschleppermarkt. Es verschwanden zahlreiche kleine Marken von der Bildfläche, da diese voll von der Nachfrageflaute, die sich insbesondere auf die unteren Leistungsklassen auswirkte, getroffen wurden. Von dieser Marktbereinigung profitierten naturgemäß die großen und starken Traktorhersteller am meisten, deren Wettbewerbsumfeld sich nun lichtete. Da die Unimog-Mannschaft sich schon

Mitte der 50er-Jahre hatte der Unimog, hier ein U 30 der Baureihe 411, mit ersten konkurrierenden Fahrzeugkonzepten für die Landwirtschaft zu kämpfen. Daimler Truck AG

Die damalige Deutsche Bundesbahn gehörte schon früh zu den Unimog-Stammkunden außerhalb des Landwirtschaftssektors. Daimler Truck AG

Ein Ding fürs Leben: Wer heute eine der zahlreichen Unimog-Varianten sein Eigen nennt, sei es nun als Landwirt, Gewerbetreibender oder Sammler, weiß was er hat und gibt es nicht so leicht wieder her. Foto. Ralf Weinreich

OH RT 65
UNIMOG

frühzeitig von einer Konzentration auf den Landwirtschaftssektor als bedeutendstem Absatzmarkt gelöst und auch dem kommunalen, industriellen und gewerblichen Bereich zugewandt hatte, wurde das Gaggenauer Multitalent von dieser durchaus tiefgreifenden Strukturkrise weniger stark behelligt.

Zeit der Entscheidungen

Mit Ausnahme der Jahre 1958 und 1959, wo die Verkaufszahlen etwas schwächelten, hielten sich die Fahrzeuge der – sieht man vom Militärmodell Unimog S (Baureihe 404.1) einmal ab – seinerzeit einzig verfügbaren, für zivile Nutzung konzipierten Baureihe 411 am Markt recht tapfer. Im Hinblick auf die mittelfristigen Zukunftsperspektiven schwante den Marktanalytikern und Produktplanern des Unternehmens aber Böses. Nachdem die Themen Mehrleistung und Größenwachstum des Fahrzeugs schon seit einigen Jahren auf dem Tisch lagen und nicht nur die Kunden, sondern auch die Anbaugerätehersteller diesbezüglich auf markante Weiterentwicklungen drangen, näherte man sich in Gaggenau wie in Stuttgart unweigerlich einer Richtungsentscheidung von hoher Tragweite. Wie stark und groß sollte ein weitgehend neues Modell, dessen Dringlichkeit angesichts wenig rosiger Prognosen für die weitere Marktentwicklung des Alleskönners in seiner bisherigen Form außer Frage stand, unter den gegebenen Umständen ausfallen? Sollte es den 411er, der nach wie vor seine Kunden hatte, auch wenn er schon nicht mehr ganz zeitgemäß war, ersetzen, oder sollte es eine neue

Mit der Baureihe 406 ließ Unimog die Konkurrenz kleiner Multifunktionsschlepper, mit der sich noch der 411 gelegentlich abgeben musste, weit hinter sich. Die größeren, stärkeren und schwereren Modelle aus Gaggenau wurden ein Riesenerfolg. Daimler Truck AG

Dank der neuen Motorisierung konnten die 406er auch anspruchsvolle Aufgaben erledigen, ohne bis an ihre Grenze belastet zu werden. Hier zieht der Unimog bei der Getreideernte einen Anhängemähdrescher von Claas. **Daimler Truck AG**

Baureihenebene neben oder über dem 411er eröffnen? Sollten gar angesichts sich verändernder Märkte die Schwerpunkte des Fahrzeugs anders gesetzt werden? Entscheidende Fragen für das weitere Wohl und Wehe des Unimog, denn die Monokultur der 411er-Baureihe war, das war allen Entscheidern klar, auf Dauer ein großes geschäftliches Risiko. Es musste also bald etwas passieren, zumal die Bestellungen des 404.1 aus dem Militärbereich, die regelmäßig erhebliche Summen in die Daimler-Benz Kassen spülten, auch nicht auf ewig anhalten würden. Schließlich galt es auch, den Anbaugeräteherstellern, deren vielfältige Produktprogramme den Unimog erst zu einem kompletten Fahrzeugsystem werden ließen, und von deren Kooperation man in Gaggenau durchaus abhängig war, Planungssicherheit zu bieten.

Kluges Konzept

So befassten sich noch vor der Wende zu den 1960er-Jahren die Verantwortlichen bei Daimler-Benz mit den genannten Fragestellungen, um ein Lastenheft zu formulieren, in dem die grundlegenden Forderungen an das zu konzipierende Fahrzeug niedergelegt wurden. Fest

Auch im Transportmetier war der 406er Unimog eine Klasse für sich. Der neue große Motor erlaubte auch mit zwei Anhängern das Befahren der Autobahn, ohne – nach damaligen Verhältnissen, versteht sich – als Verkehrshindernis wahrgenommen zu werden. **Daimler Truck AG**

UNIMOG 406/416

Auch im industriellen und gewerblichen Einsatzbereich überzeugten die Fahrzeuge der Baureihe 406 durch ihre Souveränität – sogar, wenn nicht nur ein Schmidt Frontlader angekoppelt war, sondern auch ein schwerer Anhängescraper. Daimler Truck AG

Die Rahmenkonstruktion des Unimog 406 orientierte sich an den zumeist im Militärdienst aktiven S-Modellen. Die gekröpfte Auslegung hatte sich selbst unter extremen Einsatzbedingungen bestens bewährt. Daimler Truck AG

stand – ganz in Übereinstimmung mit den Traditionen des Hauses Daimler-Benz –, dass es beim Konzept des neuen Unimog keine Revolution geben würde, sondern eine wohlüberlegte technische Evolution, die auf Bewährtem fußte und auf den Technik- und Teilefundus von Mercedes-Benz zurückgreifen sollte. Da eine Menge Fragen zu beantworten waren und viele Analysen angestellt werden mussten, dauerte es bis 1960, das fragliche Lastenheft zu finalisieren. Man entschied sich letztlich dafür, in puncto Größenwachstum unterhalb des S-Modells zu bleiben, das ja in erster Linie als hochgeländegängiger Leicht-Lkw konzipiert war. In diesem Zusammenhang wurde deutlich, dass auch das neue Modell wieder ein klares Bekenntnis zu einem Einsatz als multifunktionaler Ackerschlepper darstellen sollte – gerade im Hinblick auf den beschleunigten Strukturwandel in der bundesdeutschen Landwirtschaft, wo die Betriebsgrößen allmählich zunahmen. Zugleich spiegelte die Konzeptdefinition mit ihrer aufgewerteten Motorisierung wider, dass sich auch das Einsatzspektrum im kommunalen, industriellen und gewerblichen Bereich wesentlich verbreitern sollte – ohne aber an diesem Punkt des Guten zu viel zu tun, denn trotz des gegenüber einem 411er voluminöseren und schwergewichtigeren Fahrzeugs sollte der neue Unimog immer noch vergleichsweise kompakt und wendig bleiben, um auch im Straßeneinsatz weiterhin ein hohes Maß an Agilität zu bieten.

Riskantes Spiel

Bei aller Weitsicht und Professionalität, die die Entscheider in Gaggenau und Stuttgart an den Tag gelegt hatten: So sicher, wie das von außen vielfach erschienen haben mag, war man bei Daimler-Benz nicht, dass das neue Modell als erster Vertreter einer lange geforderten »schweren Unimog-Baureihe« am Ende auch ein überragender Erfolg werden würde. Die Marktsituation stellte sich Ende der 1950er-Jahre äußert unübersichtlich dar, und mit dem gefundenen Fahrzeugkonzept betrat man verkaufstechnisch neuen Boden. Schließlich hatten sich die ähnlich zugeschnittenen Unimog-Militärmodelle nicht wirklich auf dem zivilen Markt bewähren müssen. So blieb man in Gaggenau und Stuttgart am Ende vorsichtig und vollführte mit den ab Frühjahr 1963 eingeführten Premierenmodellen der neuen Baureihe, die die Bezeichnung »406« erhielt, anfangs lieber einen Balanceakt, als auf Anhieb zu viel zu wollen.

Der Neue ist im Anmarsch

Im Zentrum des Lastenhefts, das als Vorgabe für die Entwicklung der neuen Unimog-Baureihe diente, standen zuvorderst eine wesentlich höhere Motorleistung, die nur über ein anderes, viel größeres Antriebsaggregat zu erreichen war, und ein neuer Leiterrahmen, der wie beim Militärmodell Unimog S gekröpft ausgeführt werden sollte. Darüber hinaus war es dringend erforderlich, ein wesentlich längeres Radstandmaß sowie größere Spurweiten vorzusehen, denn für die wachsende Beanspruchung in sämtlichen Anwendungsbereichen waren selbst die 2120 mm, die ein 411er mit langem Radstand aufwies – ganz abgesehen von der schmalen Spur – kaum mehr geeignet. Auch für den Straßenbetrieb, bei dem man inzwischen mit einem höheren Verkehrsaufkommen und einem ebenfalls höheren Geschwindigkeitsniveau konfrontiert war, musste ein längerer Radstand her, der mehr Spurstabilität und generell eine verbesserte Fahrsicherheit mit sich brachte. Eine proportional dazu verbreiterte Spur reduzierte dabei auch die Kippneigung bei etwas zügiger Kurvenfahrt.

Immer mehr Einsatzprofile

An der Schwelle zu den 1960er-Jahren hatten sich auch der Kommunalbereich sowie industrielle und gewerbliche Anwender als weitere bedeutende Zielmärkte für den Unimog etabliert. Einschlägig spezialisierte Hersteller boten hier eine Fülle von An- und Aufbaugeräten an, die aber vor allem eines auszeichnete: Sie waren fast ausnahmslos für einen Einsatz am Unimog bestimmt. Natürlich konnten Schneepflüge und -fräsen oder Räumschilde auch an dafür geeignete Straßen-Lkw oder im Einzelfall an Ackerschlepper angekoppelt werden, aber sobald die Zusatzgerätschaften ausgeklügelter wurden – und diese Entwicklung schritt rasant voran –, war der Unimog mangels irgendeiner Konkurrenz für die meisten Kommunalverwaltungen inzwischen schon das alleinige Fahrzeug der Wahl.

Zu den beliebtesten und am häufigsten eingesetzten Geräten gehörten Lader, Krane und Bagger. Während Lader für den Frontanbau ausgelegt waren, weil der Unimog selbst nach Art eines Radladers bewegt werden musste, um die Ladeschaufel zu füllen, waren Krane und Bagger zumeist als Aufbaugeräte konzipiert und direkt auf der Ladepritsche montiert. Bedient wurden sie üblicherweise vom Unimog-Fahrer, der unmittelbar am drehbaren Fuß des Krans oder Baggers seinen Sitzplatz hatte und auf alle Funktionshebel zugreifen konnte. Wegen der im Betrieb stets kritischen Gewichtsverteilung wurden solche Aufbauten durch vier Ausleger statisch abgesichert.

Anspruchsvolle Zugaufgaben

Ebenfalls häufig verwendet wurden zum Beispiel im Straßen- und Kanalbau, aber auch bei der Kabelverlegung, sogenannte Grabenfräsen, die als Heckanbaugeräte vom Unimog gezogen wurden. Im Rahmen von Trassierarbeiten beim Straßen- und Wegebau kamen auch Bodenfräsen besonders oft am Unimog zum Einsatz. Diese überbreiten Zuggeräte lockerten die obere Bodenschicht vor der weiteren Bearbeitung. Die exakt gegenteilige Aufgabe übernahmen schwere Plattenverdichter, die zur Verdichtung ungebundener Schichten von Schotter und Kies benötigt werden und sowohl im Front- wie im Heckanbau oft am Unimog eingesetzt wurden. Die Verdichtungswirkung erzeugen hier die von der Front- und/oder Heckzapfwelle in Schwingung versetzten schweren Verdichtungsplatten. Bei dieser Arbeit ist der Unimog bis heute auf kleineren bis mittelgroßen Baustellen ein unentbehrlicher Helfer, da er auch einen Wassertank mit sich führen kann – die Zuführung von Wasser optimiert das Verdichtungsergebnis. Eine weitere Domäne des Unimog im überwiegend kommunalen Einsatz war die Nutzung von Bohrschnecken. Diese Geräte werden im Rahmen der Bohrpfahlgründung benutzt, um möglichst erschütterungs- und lärmarm Bohrlöcher in tiefere Bodenschichten zu bringen, wo dann in der Folge Tragwerke, zum Beispiel für Bauten oder Masten jeglicher Art, verankert werden. Die Bohrschnecken wurden überwiegend als Frontanbaugerät verwendet, wo sie von der vorderen Zapfwelle angetrieben wurden. Um die gesamte Dimension des für den Unimog bedeutsamen Geschäftsfelds der Anbaugeräte richtig einschätzen zu können, muss man wissen, dass zum Zeitpunkt der Einführung des 406ers allein im Landwirtschaftsbereich rund 1000 freigegebene Zusatzgeräte verschiedenster Hersteller auf dem Markt angeboten wurden.

Da stets die Betriebs- wie die Fahrsicherheit im Vordergrund standen, musste die Bereifung letztlich einen Kompromiss darstellen. Wenn ein Anwender mehr verlangte, kam er nicht um die Anschaffung spezialisierter Reifen- bzw. Radsätze herum. Daimler Truck AG

Angesichts des Leistungs- und Gewichtszuwachses der 406er Unimog waren die Reifenhersteller vor einige Probleme gestellt. Unterschiedliche Profile und Reifenbreiten standen je nach Einsatzzweck zur Verfügung und konnten werkseitig geordert werden. Daimler Truck AG

Nahezu alle renommierten Hersteller von Nutzfahrzeugreifen hatten Passendes für den Unimog im Programm. Merkmale waren unterschiedliche, von Gaggenau freigegebene Breitenformate und Profilarten. Daimler Truck AG

Ein ganz seltener Anblick sind bis heute die Doppelkabinen-Versionen; hier auf dem Fahrgestell eines U416. Wegen des Platzbedarfs des vergrößerten Fahrerhauses blieb von der Ladepritsche nur noch ein kümmerlicher Rest. Entstanden sind nur ungefähr 350 Exemplare. Foto: Ralf Weinreich

Doppelkabine als Wunschausstattung

Eine weitere Festlegung des Lastenhefts mit Blick auf die ständig zunehmenden Einsatzprofile des Unimog war, dass neben den wie bisher serienmäßig verfügbaren Aufbauvarianten mit offenem oder geschlossenem Stahlblech-Fahrerhaus, zusätzlich eine sogenannte Doppelkabine angeboten werden sollte. Diese Ausführung wartete – ohne Veränderung des Radstands – mit einer verlängerten Kabine und zwei weiteren, identisch dimensionierten Türen auf, die den Zugang zu einer hinteren Sitzbank ermöglichten, auf der zwei bis drei Mitfahrer Platz fanden. Das größere Raumangebot ging zwar extrem auf Kosten der Pritschenlänge und damit der Ladekapazität, aber die Möglichkeit, kleinere Bau- oder Wartungstrupps nun in lediglich einem Fahrzeug zu transportieren, war für nicht-landwirtschaftliche Anwender des Unimog durchaus eine Überlegung wert. Ebenfalls festgelegt wurde, dass dem seit einigen Jahren aufmerksam registrierten Trend zum geschlossenen Fahrerhaus, der insbesondere bei nicht-landwirtschaftlich genutzten Fahrzeugen erkennbar war, dadurch Rechnung getragen werden sollte, das zumindest die geschlossenen Normal-Fahrerhäuser künftig direkt im Gaggenauer Werk entstehen sollten. Das sparte, die Einrichtung entsprechender Kapazitäten und Produktionstechnologien vorausgesetzt, auf lange Sicht Kosten und steigerte die Flexibilität am Standort im Schwarzwald. Die bisherige, nie zu Klagen Anlass gebende Kooperation mit der Wiedenbrücker Firma Westfalia, die seit 1953 im Lohnauftrag die verschiedenen Generationen von Unimog-Stahlblech-Kabinen gefertigt und zugeliefert hatte, wurde deshalb aufgekündigt.

Komplexer Entwicklungsprozess

Das erhebliche Plus an Größe, Leistung und Gewicht, das der neue 406er aufwies, zog zwangsläufig weitere Anpassungen auf verschiedenen anderen Technikfeldern nach sich. So musste die komplette Kraftübertragung, vom Getriebe bis hin zum Achsantrieb, aber auch die Nebenabtriebe, auf das neue Leistungsniveau abgestimmt werden. Gleiches galt für das komplette Hydrauliksystem, das die Kraftheberanlagen des 406 steuerte und damit gewissermaßen die Schnittstelle zu den immer ausgefeilteren und meist auch schwereren Anbaugerätschaften bildete. Damit waren die Entwickler in Gaggenau auch weiterhin auf eine gedeihliche Zusammenarbeit mit den Geräteherstellern angewiesen – schließlich sollten die Modelle der neuen Baureihe den Gedanken des Fahrzeugsystems Unimog noch stärker unterstützen. Kooperation mit externen Partnern war nicht zuletzt beim Thema Bereifung gefragt. Substanziell höhere Leistungs- und Drehmomentwerte, wie sie beim 406er angestrebt waren, erforderten auch hier enge Abstimmung mit Herstellern wie Continental und Dunlop, die auch als Serienausrüster fungierten. Schließlich mussten die Forderungen nach hoher Zugkraft auf anspruchsvollen Untergründen, beispielsweise Ackerböden, herausragender Geländegängigkeit, hoher Radlastenverträglichkeit und zugleich bestmöglicher Fahrsicherheit auf Land- und Schnellstraßen bei der Reifenkonstruktion miteinander in Einklang gebracht

Die Unimog-Entwickler richteten ihre Augen auf den brandneuen OM 352, als es um die optimale Motorisierung der Baureihe 406 ging. Der Sechszylinder-Diesel hatte mehr als dreimal so viel Hubraum wie der alte OM 636, war aber in puncto Leistung noch lange nicht ausgereizt. Daimler Truck AG

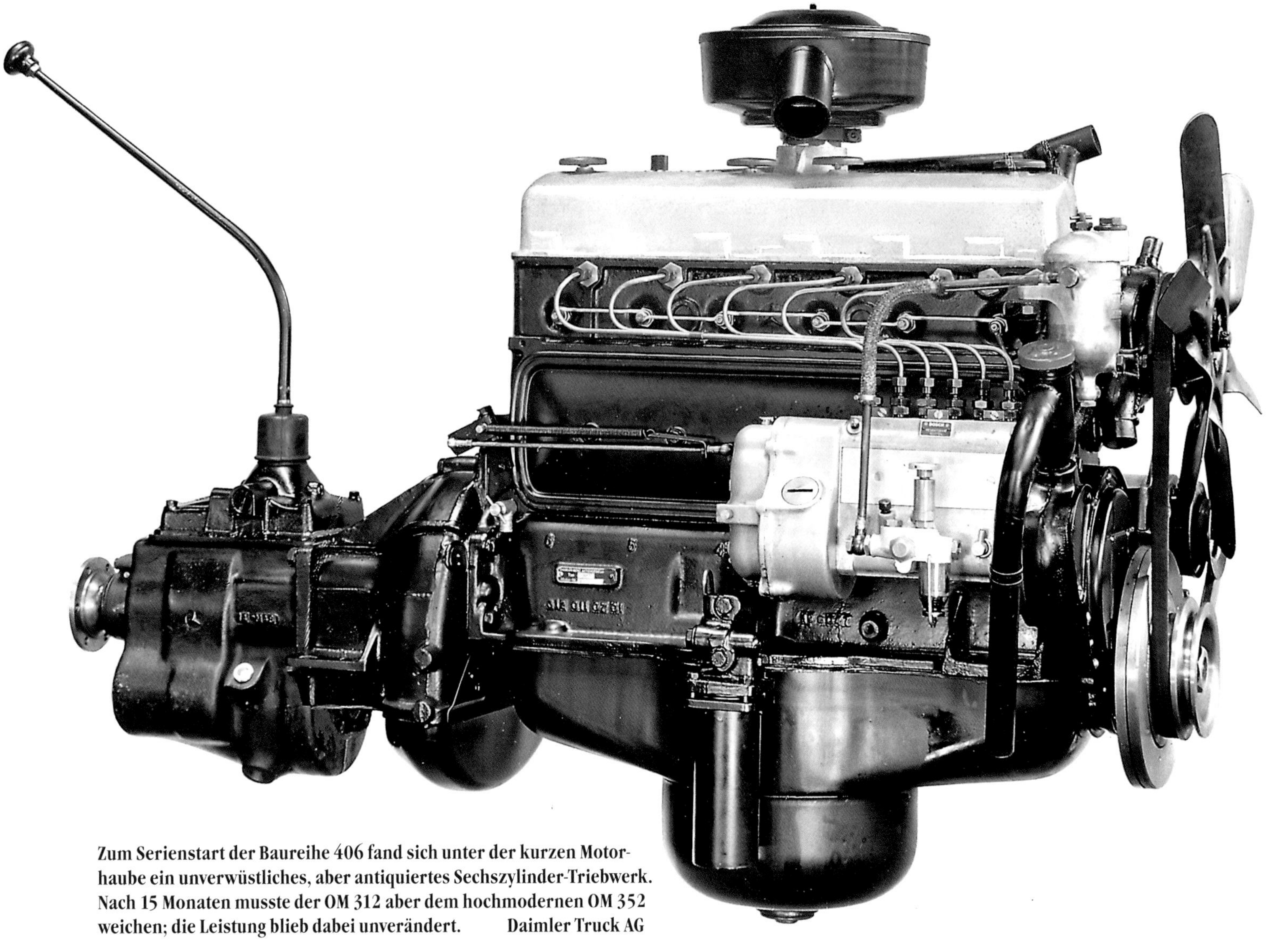

Zum Serienstart der Baureihe 406 fand sich unter der kurzen Motorhaube ein unverwüstliches, aber antiquiertes Sechszylinder-Triebwerk. Nach 15 Monaten musste der OM 312 aber dem hochmodernen OM 352 weichen; die Leistung blieb dabei unverändert. Daimler Truck AG

werden. Es zeigte sich, dass dies den Reifenherstellern einiges zu schaffen machte, denn jenseits befestigter Wege war niedriger Luftdruck gefragt, während auf der Straße mit hohem Luftdruck gefahren werden musste. Es musste also ein Reifentyp entwickelt werden, der beidem gerecht wurde.

Umstritten: die Motorenfrage

Nicht nur auf diesem Feld zeigten sich schon früh Probleme, mit denen man wohl nicht gerechnet hatte. Bei der zentralen Frage nach dem geeigneten Antriebsaggregat für den neuen 406er wurden unterschiedliche Einschätzungen zwischen der in Untertürkheim angesiedelten Motorenentwicklung von Daimler-Benz und der Gaggenauer Unimog-Mannschaft deutlich. Letztere – stets nah am Puls der Anwender – war überzeugt davon, dass man, auch mit Blick auf die weitere Entwicklung, bei der Motorenauswahl nicht auf halber Strecke stehenbleiben dürfe und sprach sich für den Einbau des in einer fortgeschrittenen Entwicklungsphase befindlichen Reihensechszylinder-Diesels OM 352 aus. Das modern

Für leichtes Entsetzen in Gaggenau sorgte der gutgemeinte Rat aus Untertürkheim, doch bitte den Diesel-Vierzylinder OM 314 in den neuen Unimog 406 zu packen. Das Triebwerk (untere Bildreihe, ganz links) entsprach so gar nicht den Vorstellungen der Unimog-Mannen. Daimler Truck AG →

OM 346, 180 PS bei 2000 U/min, explosionsgeschützte Ausführung

OM 314, 67 PS bei 2600 U/min.

OM 352, 110 PS bei 2600 U/min.

OM 327, 135 PS bei 2400 U/min.

In unseren Kippern tausendfach bewährt – darum gehören Mercedes-Benz Einbau-Diesel auch in Ihre Baumaschinen.

Wie in einer ständigen Zerreißprobe arbeiten Bagger, Krane, Schaufellader, Grabenfräsen, Bohrgeräte oder Kompressoren. Die Praxis fordert Höchstleistungen, vor allem von den Motoren.

Mercedes-Benz Dieselmotoren sind dafür gebaut, daß man ihnen alles abverlangen kann. In jedem einzelnen steckt unsere jahrzehntelange Motoren-Erfahrung.

Im Mercedes-Benz Industrie-Dieselmotoren-Programm finden Sie wassergekühlte 4- und 6-Zylinder-Motoren von 42 bis 350 PS. Alle haben entscheidende Vorteile: hohe Leistung bei geringen Einbaumaßen, extrem sparsamen Kraftstoffverbrauch und lange Lebensdauer. Außerdem wichtig: minimale Luft- und Körperschallwirkung.

Wenn Sie sich ausführlich über Mercedes-Benz Industrie-Dieselmotoren informieren möchten, dann schicken Sie bitte den ausgefüllten Kupon an die Daimler-Benz AG, Stuttgart-Untertürkheim oder Werk Berlin-Marienfelde.
Wir beraten Sie gern.

Mercedes-Benz
Industrie-Dieselmotoren
Ihre beste Kraft

Bitte senden Sie mir Informationsmaterial über Mercedes-Benz Industrie-Dieselmotoren

Name:

Wohnort
(mit Postleitzahl):

Straße:

ausgelegte Triebwerk besaß einen Hubraum von knapp 5,7 Litern – mehr als eine Welt entfernt vom bisher eingesetzten OM 636 mit seinen dürftigen 1767 cm³. Welches Leistungsvolumen man in Gaggenau für einen Einsatz im Unimog anpeilte, ist nicht bekannt. Bei Daimler-Benz jedenfalls sollte dieser neue Sechszylinder erst einmal ab 1963 in den mittelschweren Kurzhauber-Lkw zum Einsatz kommen, und zwar mit einer Leistung von über 120 PS/88 kW. Es war allen Beteiligten klar, dass diese Leistungsregionen für den neuen Unimog kein Thema waren. Stattdessen sollte der Motor gedrosselt und auf hohe Zugkraft sowie extreme Belastbarkeit ausgelegt werden.

Vier oder sechs Zylinder?

In Untertürkheim sah man das ganz anders. Die dortigen Motorenentwickler hielten den OM 314, einen Vierzylinder mit knapp 3,8 Litern Hubraum, für das geeignete Aggregat. Als harmonisch zum 406er-Konzept passend, schlugen sie eine auf 54 PS/40 kW gedrosselte Version des Triebwerks vor, das ansonsten vor allem in Leicht-Lkw von Mercedes-Benz verwendet wurde. Diese Lösung brachte manche Vorteile mit sich: Zum einen

Zieltermin und erster wichtiger Markttest für den neuen großen Unimog war die im Mai 1962 in München veranstaltete DLG-Wanderausstellung. Allerdings war der 406er zu diesem Zeitpunkt noch nicht serienreif. **Daimler Truck AG**

war die Motorenfamilie, von der der Vierzylinder abstammte, seit langen Jahren bewährt und nicht, wie der OM 352, eine Neukonstruktion, bei der das Risiko des Auftauchens technischer Kinderkrankheiten nie völlig ausgeschlossen werden konnte. Zum anderen war der Vierzylinder sparsamer, leichter und benötigte deutlich weniger Einbauraum. Dem hielt das Unimog-Entwicklungsteam entgegen, dass der große Sechszylinder dank seiner konstruktiven Reserven den entscheidenden Vorteil einer Zukunftssicherheit böte. Schließlich wollte man sich angesichts immer schneller voranschreitender Leistungsanforderungen in ein paar Jahren nicht wieder mit der Motorenfrage auseinandersetzen müssen.

Kompromiss beim Antrieb

Am Ende löste sich die Diskussion in Luft auf, weil der neue OM 352 zum Zeitpunkt seines Serienstarts im zweiten Halbjahr 1963 mangels entsprechender Fertigungskapazitäten ohnehin nur in kleinen Stückzahlen zur Verfügung stehen würde und den Lkw von Mercedes-Benz vorbehalten war – schließlich hatte der Lastwagenbau bei den Stuttgartern immer Vorrang vor dem Nischenprodukt Unimog. Man einigte sich also auf den Kompromiss, den 406 zu seiner Einführung und nur für eine kurze Übergangszeit mit dem leicht ergrauten Vorkammer-Diesel OM 312 auszurüsten. Dabei handelte es sich ebenfalls um einen Sechszylinder, der im Fall des Unimog aus 4,6 Litern Hubraum 65 PS/48 kW herausholte. Für die Mannschaft in Gaggenau nicht gerade eine Traumlösung bei einem so wichtigen Fahrzeug, aber zumindest war der OM 352 tatsächlich in der Pipeline. So konnte man ein paar Monate mit dem alten Motor leben. Letztlich dauerte es dann aber doch bis zum Juni 1964, dass der Lieferengpass beim neuen Sechszylinder beseitigt war und der Unimog 406 in den Genuss des souveränen Triebwerks kam. Schlucken mussten die Gaggenauer allerdings, dass die Höchstleistung des 5,7-Liter-Motors fürs erste bei 65 PS/48 kW eingefroren wurde. Eigentlich hatte man sich da etwas mehr vorgestellt, aber wie immer waren die Verantwortlichen bei Daimler-Benz lieber vorsichtig, als im Nachhinein in irgendwelche Probleme mit der Technik zu geraten. Weitere Leistungsstufen nachzulegen, war beim Zuschnitt des OM 352 letztlich nicht mehr als eine Fingerübung für die Entwicklungsingenieure.

Obwohl die Fahrzeuge der Baureihe 406 keineswegs gigantisch groß waren, fiel der Unterschied zu den zierlicheren Vorgängermodellen deutlich ins Auge. Andererseits: Ein Unimog 411 hätte schon an seine Grenzen gehen müssen, um einen solchen Anhänge-Mähdrescher über die Anbaufläche zu ziehen. Daimler Truck AG

Intensive Testphase

Spätestens Ende 1960 war zwischen allen Beteiligten Einigkeit darüber erzielt worden, wie der Unimog 406 technisch definiert sein sollte. Jetzt galt es, die verabschiedeten Lastenhefte entwicklungsseitig umzusetzen. Da man die Marktsituation für den Unimog als kritisch ansah, sollte dies – bei aller markentypischen Sorgfalt – in hoher Taktung geschehen. Da man sich zahlreicher Komponenten aus dem Mercedes-Benz Teileregal bedienen konnte, gelang es tatsächlich, etwa ein Jahr später einen ersten Prototyp des neuen Modells auf die Räder zu stellen. Damit konnten nun Fahrversuche beginnen, die im Hause Daimler-Benz seit jeher und branchenweit den höchsten Stellenwert besitzen. Hier lag und liegt der Schlüssel für die außergewöhnliche Produktqualität der Fahrzeuge mit dem Mercedes-Stern. Allerdings darf man die Erprobungsphase in jener Epoche nicht mit heutigen Verhältnissen vergleichen. Seinerzeit wurden, im Gegensatz zu heute, wo ganze Testfahrzeugflotten Millionen von Kilometern abspulen, um auf Herz und Nieren geprüft zu werden, nur einige wenige Prototypen auf Testfahrten geschickt – was angesichts der relativ simplen damaligen Technik auch völlig ausreichte.

Fast finale Ausführung

Der erste Prototyp war eine Version mit geschlossenem Fahrerhaus, das aber noch nicht seine endgültige Form gefunden hatte. Es war vor allem an der Dachpartie kantiger gestaltet und am Frontblech, links vom linken Hauptscheinwerfer, mit einem vertikalen Lüftungsschlitz versehen, der der Innenraumheizung Luft zuführen sollte. Dieser tauchte an den späteren Serienfahrzeugen nicht mehr auf. Bereits vorhanden war dagegen die kleine Hutze auf der Motorhaube, die kein Design-Gag war, sondern ein paar Zentimeter mehr Platz im Motorraum schuf. Der spätestens 1962 dazugestoßene zweite Prototyp zeigte sich dann schon quasi in Serienoptik: Die Stahlblech-Kabine entsprach nun bereits weitestgehend dem Serienmodell, lediglich die Frontstoßstange stammte, wie schon beim ersten Prototyp, noch vom Unimog S.

Kapitel 2
Die konstruktive Auslegung des Unimog 406

Seitens Daimler-Benz betrachtete man die DLG-Wanderausstellung in München, terminiert vom 20. bis 27. Mai 1962, als bestmögliche Plattform für die Präsentation der neuen Unimog-Baureihe. Damit zog, angesichts der fortgeschrittenen Zeit, verständlicherweise einige Hektik in die letzte Phase der Entwicklung und Erprobungen. Schließlich schaffte man es dennoch auf den letzten Drücker und mit manchen Tricks und Improvisationen, den 406er dort erstmals einem breiten Publikum vorzustellen. Mit einem Strom von fast 600.000 Besuchern, die meisten davon direkt aus der Landwirtschaft stammend, bot die DLG-Ausstellung eine einzigartige Gelegenheit, die Reaktionen des Publikums auf den Neuen zu testen, der das gewohnte Bild vom Unimog zwar im Grundsatz beibehielt, es aber umfassend aktualisierte. Dabei vollzogen die Produktplaner mit dem Eintritt in eine wesentlich höhere Leistungsklasse gleich mehrere perspektivisch wichtige Schritte: Zum einen kam das größere, schwerere und stärkere Modell den Forderungen der Anbaugerätehersteller in idealer Weise entgegen, zum anderen aber verabschiedete sich der große Unimog ein Stück weit aus dem Dunstkreis der Traktorkonkurrenz. Nun mit 65 PS/48 kW unterwegs, konnte er seine Vielseitigkeit noch weit besser als zuvor in die Waagschale werfen und auch die großen Traktormodelle, deren Markt trotz der Agrarkrise unverändert intakt war, hinter sich lassen. Tatsächlich war der Unimog 406 auf der Münchener DLG-Ausstellung der stärkste »Allrad-Ackerschlepper« überhaupt.

Auch Passagierjets der frühen 1960er-Jahre, wie diese französische Caravelle, bereiteten dem Unimog 406 bei Rangieraufgaben auf dem Vorfeld großer Flughäfen keine Probleme. Hier konnte das Multitalent seine Fähigkeiten voll ausspielen. Daimler Truck AG

Strategische Entscheidungen

Dass der Unimog trotz des äußerst umfangreichen Pkw-, Lastwagen- und Transporterprogramms von Daimler-Benz eine Sonderstellung in der Produktpalette des Konzerns innehatte, verdeutlichte die Tatsache, dass der versammelte Vorstand im Mai 1962 nach München reiste, um das Debüt der neuen Baureihe zu begleiten. Der 406er markierte in einem schwierigen wirtschaftlichen Umfeld schließlich das erstmalige Vordringen des Multitalents in eine deutlich höhere Leistungs- und Gewichtsklasse, in der auch neue Wettbewerber präsent waren. Um hier möglichst günstige Voraussetzungen für einen Markterfolg zu schaffen, hatten sich die Verantwortlichen bei Daimler-Benz dazu entschlossen, bei der Preisgestaltung für das neue Modell Vorsicht walten zu lassen. Man ließ sich die gegenüber normalen Traktoren wesentlich vielfältigeren Einsatzmöglichkeiten des Unimog nicht extra bezahlen, sondern deckelte den Verkaufspreis des Premierenmodells U 65 auf 25.580,- DM. Das lag ziemlich genau innerhalb des Preisfensters, in dem die konkurrierenden Traktorenhersteller ihre Spitzenmodelle positioniert hatten – von denen verfügten aber nur wenige über einen Allradantrieb. Im Zentrum des Interesses für die neue Unimog-Baureihe stand aber – wie sollte es nach der über Jahre immer deutlicher formulierten Kritik der Kundschaft auch anders sein – das nun wesentlich stärkere Antriebsaggregat. In Gaggenau hatte man sich, wie erwähnt, für eine wirklich nachhaltige Lösung der Motorenfrage ausgesprochen, was in der Untertürkheimer Motorenentwicklung zunächst auf we-

Die Frage, wie der Unimog 406 motorisiert sein sollte, führte im Vorfeld zu Diskussionen. Die am Ende gefundene Kompromisslösung, der Sechszylinder-Diesel OM 312, hatte schon fast 15 Jahre auf dem Buckel. Hier ist er im Fahrgestell eines Mercedes-Benz L 3250 von 1949 eingebaut. Daimler Truck AG

Der OM 312 wurde bereits in den ersten Nachkriegs-Lastwagen von Mercedes-Benz, wie beispielsweise diesem L 3250, verwendet und hatte sich dort vieltausendfach bewährt. Technologisch repräsentierte das Triebwerk aber den Stand der Vorkriegszeit. **Daimler Truck AG**

nig Gegenliebe gestoßen war. Ob diese Zurückhaltung mit Blick auf den Unimog handfeste technische Gründe hatte, oder ob man in erster Linie vermeiden wollte, dass nun auch die Unimog-Experten auf den brandneuen, noch in der Endphase der Entwicklung steckenden und von der Mercedes-Benz Lkw-Sparte händeringend erwarteten Sechszylinder-Diesel OM 352 zugriffen, muss Gegenstand der Spekulation bleiben. Die Unternehmensleitung räumte jedenfalls der wirtschaftlich erheblich bedeutsameren Nutzfahrzeugabteilung Vorrang ein – was durchaus nachvollziehbar war. So rückte man in Gaggenau erstmal in den Wartestand und musste sich für den Anfang mit der von Untertürkheim vorgeschlagenen Kompromisslösung arrangieren, die nicht wirklich überzeugte, aber ohne Alternative war.

Der Motor: ein kerniger Geselle

Für den Marktstart im April 1963 wurde also zunächst der seit langem bewährte OM 312 vorgesehen. Auch bei diesem Triebwerk handelte es sich um einen Sechszylindermotor, der fünfzehn Jahre zuvor in die Serienfertigung eingeführt worden war und seitdem in mittelschweren Lkw und Omnibussen zuverlässig seinen Dienst verrichtete. Dem Aggregat kam geradezu historische Bedeutung zu, denn es hatte 1949 den ersten neuen Nachkriegs-Lastwagen von Mercedes-Benz, den L 3250, und ebenso den ersten Omnibus aus der Mann-

Als Antrieb für Fahrzeuge der mittleren Gewichtsklasse, etwa den Omnibus O 3250, leistete der Motor zunächst 90 PS/66 kW und ab 1956 sogar 100 PS/74 kW. **Daimler Truck AG**

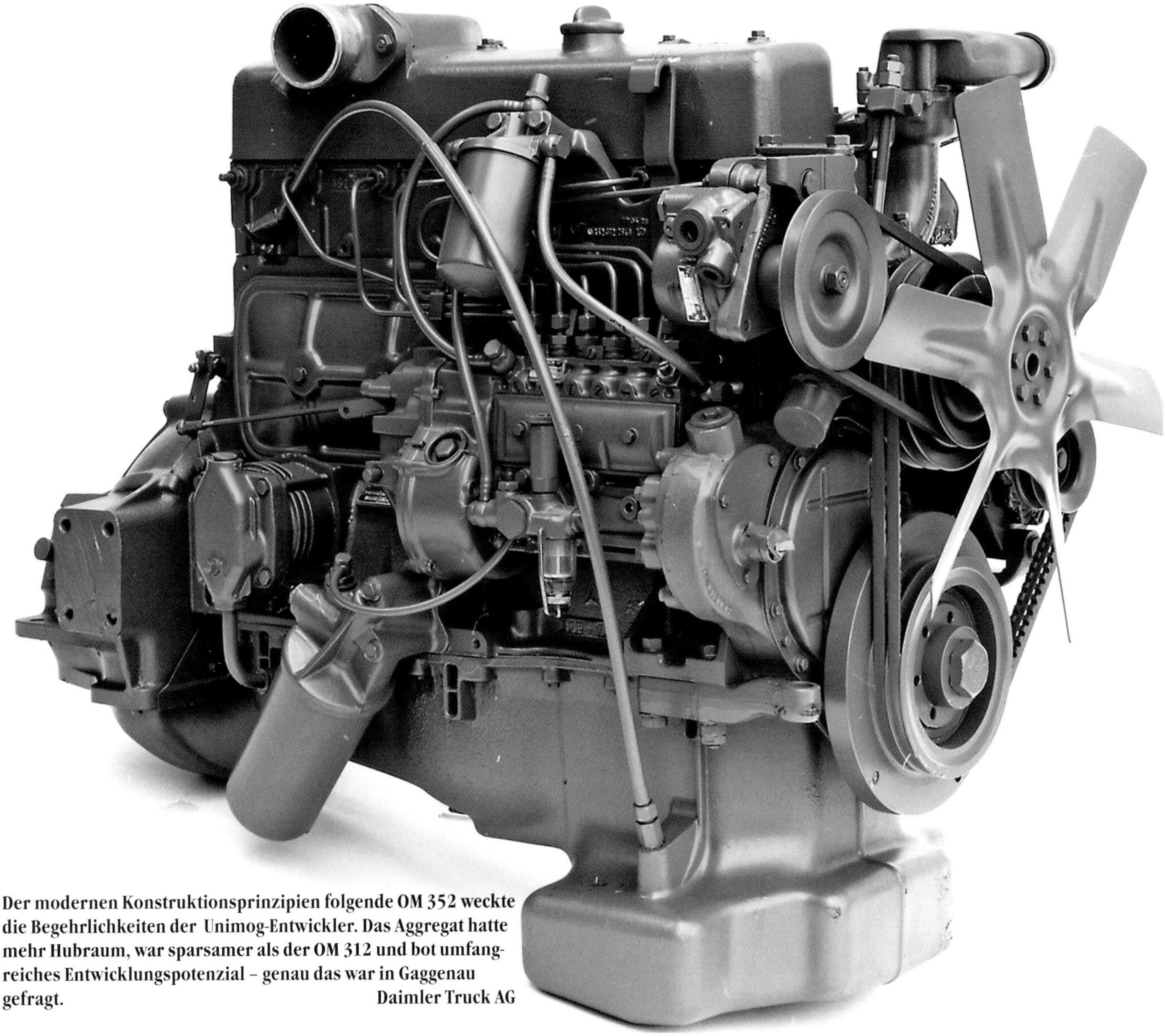

Der modernen Konstruktionsprinzipien folgende OM 352 weckte die Begehrlichkeiten der Unimog-Entwickler. Das Aggregat hatte mehr Hubraum, war sparsamer als der OM 312 und bot umfangreiches Entwicklungspotenzial – genau das war in Gaggenau gefragt. **Daimler Truck AG**

heimer Nachkriegsproduktion der Marke, den O 3250, angetrieben. Konstruktiv war der 4580 cm³ große Motor ein Kind seiner Zeit und in der ersten Hälfte der 1960er-Jahre im Grunde genommen pensionsreif. Mit einer Vorkammer-Einspritzung und ellenlangem Hub versehen, sollte er in einer Drosselversion im 406er zum Einsatz kommen. Immerhin handelte es sich bei diesem Triebwerk um eine Konstruktion, die unter dem Gesichtspunkt unbedingter Belastbarkeit und Langlebigkeit entstanden und ausschließlich als Nutzfahrzeug- bzw. Omnibusantrieb gedacht war. Im Gegensatz dazu hatte der kleine OM 636, der bei den bisherigen Unimog-Modellen für Vortrieb gesorgt hatte, seine Wurzeln vor allem im Personenwagenbau gehabt. Dafür hatten sich die 1,8-Liter-Motörchen jedoch über rund zehn Jahre hinweg äußerst tapfer geschlagen. Die nun für den 406er anstehende Motorleistung von 65 PS/48 kW war knapp doppelt so hoch wie die im stärksten 411er bereitgestellte. Damit war sogar der antiquierte OM 312 deutlich unterfordert, denn im Lkw- und Bus-Programm von Mercedes-Benz lieferte das Triebwerk klaglos bis zu 100 PS/74 kW. Dass das Team in Gaggenau dennoch auf den Einsatz eines Motors beharrte, der zeitgemäßen Konstruktionsprinzipien entsprach und noch deutlich größere Leistungsreserven besaß, war der Marktkenntnis der Unimog-Entwickler geschuldet. Sie gingen davon aus, dass sich mit Sicherheit auch die Leistungsanforderungen an den 406er im Lauf der Jahre massiv erhöhen würden, weshalb der veraltete OM 312 keine langfristige Perspektive mehr bot.

Hauptsache: erhöhte Zugkraft

Am Ende setzten sich die Gaggenauer mit ihrer Sicht der Dinge durch, und nach einer Übergangsphase, die ungefähr ein Jahr dauern sollte, hielt schließlich auch der heißersehnte OM 352 Einzug in die Unimog-Baureihe 406. Aus Vertriebssicht barg der Marktstart eines so wichtigen Fahrzeugs, das eine ganz neue, zukunftsorientierte Produktlinie begründete und dennoch mit einer Kompromisslösung in Sachen Motorisierung antrat, ein gewisses Risiko. Werblich beschränkte man sich deshalb wohlweislich darauf, das – zumindest nach der Papierform – souveräne Leistungsvermögen des Triebwerks in den Mittelpunkt zu rücken. Man unterließ es tunlichst zu erwähnen, dass der OM 312 nur für kurze Zeit eingebaut werden würde. Hätte man als Antriebsaggregat den wesentlich vielversprechenderen OM 352 bereits frühzeitig ins Schaufenster gestellt, wäre die Einführung der Baureihe 406 im Frühjahr 1963 möglicherweise belastet gewesen, denn vermutlich nicht wenige Kunden hätten dann mit dem Kauf des neuen Modells noch abgewartet. Aber zum Glück zeigte es sich schnell, dass die Leistung von 65 PS/48 kW das interessierte Kaufpublikum zunächst zufriedenstellte. Neben diesem absoluten Wert war es mit Blick auf die tägliche Einsatzpraxis jedoch besonders wichtig, dass der Motor ein wesentlich höheres Drehmoment zur Verfügung stellte als der OM 636. Das wurde schon durch den mehr als zweieinhalb Mal so großen Hubraum des OM 312 sichergestellt, der sich zudem auf sechs Zylinder verteilte. Während das bisherige Vierzylinderaggregat – so kann man, mangels offizieller Drehmomentangaben, nur aus der Typenbezeichnung

Ein Vorserienfahrzeug des Unimog 406. Manche Details entsprechen noch nicht der endgültigen Spezifikation. In die Erprobung gingen die ersten Prototypen im Lauf des Jahres 1961, die offizielle Präsentation erfolgte dann im Mai 1962 in München. Daimler Truck AG

Vor allem wegen der deutlich höheren Drehmomente, die die neue Motorenbestückung mit sich brachte, wurde die Kraftübertragung des U 65 umfassend überarbeitet. Je nach Ausstattung musste der Fahrer bis zu vier Schalthebel bedienen – hier gut zu erkennen. Daimler Truck AG

der 411-Getriebe, UG 1/11, schließen – deutlich unter 100 Nm lieferte, schüttelte der OM 312 hier 206 Nm aus dem Ärmel, die bereits knapp über Leerlaufdrehzahl, bei 1600/min, anlagen. Dies eröffnete den Nutzern eines Unimog 406 eine neue Welt von Einsatzmöglichkeiten.

Die Kraftübertragung: mehr Getriebevarianten

Angesichts des neuen Leistungsniveaus hatten sich die Unimog-Entwickler natürlich auch intensiv mit der Kraftübertragung beschäftigen müssen, denn hier war sozusagen die stets hochbelastete Schnittstelle zum Fahrzeugantrieb wie zum Antrieb von Zusatzgeräten gegeben. Man entwickelte also das bisherige Vollsynchrongetriebe mit 6 Vorwärts- und 2 Rückwärtsgängen, das den Namen UG 1/11 trug, zum UG 2/27 weiter, das an die höheren einwirkenden Kräfte angepasst und auf einen maximalen Drehmomentwert von 265 Nm ausgelegt wurde. Die Ziffer »27« bezeichnete dabei diesen Maximalwert in der damals üblichen Einheit Meterkilogramm (mkg). Streng technisch betrachtet, handelte es sich beim UG 2/27 in Tat und Wahrheit um ein 4-Gang-Schieberad-Gruppengetriebe, intern auch »F-Getriebe« genannt, das in mehreren Ausführungen angeboten wurde. Im zuerst auf den Markt gekommenen U 65 war es in zwei Gruppen zu je 4 Gängen aufgeteilt. Da in der ersten Schaltgruppe nur der 1. und 2. Gang genutzt wurden, standen letztlich 6 Vorwärtsgänge zur Verfügung. Entsprechend hat der Schalthebel ein H-Schaltbild mit drei Gangebenen à 2 Gängen. Schaltete man vom 2. in den 3. Gang, wechselte das Getriebe automatisch von der ersten in die zweite Schaltgruppe. Der in dieser konstruktiven Auslegung fehlende Rückwärtsgang wurde durch ein eigens angeflanschtes Wendegetriebe dargestellt, das mithilfe eines separaten Schalthebels bedient werden musste. Konstruktiv wurde dafür Sorge getragen, dass das Wendegetriebe nur dann in die Rückwärtsrichtung geschaltet werden konnte, wenn das Hauptgetriebe sich in der ersten Schaltgruppe befand. Da hier, wie beschrieben, nur zwei Gänge schaltbar waren, wurden diese bei Nutzung des Wendegetriebes zu zwei Rückwärtsgängen.

Für jede Aufgabe die richtige Fahrstufe

Später, nach etwa 9000 gebauten Fahrzeugen, wurde das Getriebe weiter modifiziert und erhielt intern die Bezeichnung »G-Getriebe«. Dieses konnte nun wahlweise mit einem Vorschaltgetriebe versehen werden, das mit-

Unterwegs mit gleich zwei Kippanhängern zum Schüttguttransport – der Unimog 406 erledigte als Zugfahrzeug solche Arbeiten ganz souverän und erweiterte damit seine Einsatzprofile. **Daimler Truck AG**

hilfe eines synchronisierten Zwischengangs nicht nur die vorhandenen Gangstufen auf 12 verdoppelte, sondern zusätzlich je 4 vier Kriech- und Superkriechgänge bereitstellte. Damit addierte sich die Gesamtzahl der zur Verfügung stehenden Gangstufen auf 20, was die möglichen Einsatzprofile nahezu ins Unendliche steigerte. Ein Beispiel: War der extremste Superkriechgang eingelegt, bewegte sich der Unimog 406 in der Stunde nur um 30 Meter weiter – eine Funktionalität, die insbesondere in der Landwirtschaft nachgefragt wurde. Die Kehrseite der Medaille war allerdings, dass der Bediener mit nicht weniger als vier Schalthebeln in der Kabine hantieren musste, wenn das Vorschaltgetriebe vorhanden war.

Traktion wie nie zuvor

Wie bei den bisherigen Unimog-Modellen wurde die Kraft vom Motor über das Getriebe und dann mithilfe des Allradantriebs auf Straße und Acker gebracht. Das System war während der Fahrt zu- oder abschaltbar ausgelegt, wobei dies ohne Zugkraftunterbrechung erfolgte – eine im Hinblick auf anspruchsvolle Zugeinsätze besonders wichtige Eigenschaft. Für bestmögliche Traktion, egal auf welcher Art von Untergrund, sorgten große 20-Zoll-Räder, die zur Grundausstattung des U 65 gehörten. Bei der Vorgängerbaureihe 411 hatten serienmäßige 18-Zoll-Felgen Dienst getan. Die Felgenbreiten beim 406 betrugen bis zu 11 Zoll, als Bereifung kamen unterschiedlich stark profilierte, neu entwickelte Pneus zum Einsatz. In der Standardausführung wiesen sie eine Breite von 10,5 Zoll auf, gegen Aufpreis gab es auch 12,5- und später sogar 14,5-Zoll-Reifen.

Das Rückgrat des Alleskönners

Der 406er Unimog übernahm sämtliche wesentlichen Konstruktionsmerkmale seiner Vorgänger und präsentierte sie in einer Form, die an die Größe und Leistungsfähigkeit des Neulings angepasst war. Insbesondere der Spezifikation des Leiterrahmens als tragender Struktur wurde dabei besondere Aufmerksamkeit gewidmet. Bedingt durch die vorne, hinten und in Fahrzeugmitte zur Verfügung stehenden Anbauräume wirkten auf nahezu jeden Zentimeter der Rahmenlängs- und Querträger

Während bei der Vorgängerbaureihe 411 das Zugvermögen im Wesentlichen ausgereizt war, eröffneten die 406er hier neue Horizonte für die Anwender – zum Beispiel, wenn es um den Transport schwerer Baumaschinen über längere Distanzen ging. Daimler Truck AG

große Kräfte ein, sobald die entsprechenden Geräte angekoppelt waren und ihre Arbeit verrichteten. Diese Kräfte fielen zudem noch sehr unterschiedlich aus: Zum Beispiel führte ein Frontlader mit vollgefüllter Schaufel zu anderen Belastungen als ein hinter der Fahrerkabine, auf Höhe des Fahrzeugschwerpunkts, angeordneter Ladekran, der in Verbindung mit vier Auslegern zur Fahrzeug- und Laststabilisierung verwendet wird, oder eine Heckseilwinde, die in der Forstwirtschaft möglicherweise tonnenschwere Baumstämme bewegen muss oder gar einer Verfüllschnecke, die als Frontanbaugerät nach rechts oder links ausschwenkt und seitlich ausgehobene Gräben wieder mit Erdreich zuschüttet.

Gaggenauer Know-how

Der in seiner grundsätzlichen Auslegung unveränderte Leiterrahmen bestand auch beim 406er aus zwei Längsträgern aus Wälzstahl, deren u-förmiger Querschnitt nach innen zeigte. In Fahrzeugmitte wies der Rahmen eine leichte Kröpfung nach unten auf, ähnlich wie es beim Militär-Unimog S der Fall war. Am hinteren Rahmenende waren in den Ecken beidseitig Knotenbleche eingeschweißt, die für zusätzliche Stabilität sorgten. Verbunden waren die beiden Längs- durch insgesamt fünf Querträger, die aus Rohrmaterial gefertigt waren und einen Durchmesser von 80 mm aufwiesen. Die konstruktive Exzellenz des Unimog bestand darin, dass seine Entwickler diese Querträger in einer bestimmten Weise platzierten. Dadurch konnten sie das Fahrgestell mit den gewünschten Eigenschaften ausstatten. Hierzu zählte vor allem eine definierte Verwindungsfähigkeit. So wurden je zwei Querträger im hinteren Teil, an der tiefsten Stelle der Kröpfung, sowie nah am vorderen Rahmenende eingeschweißt. Während die Rohrquerträ-

Besonders erfreut zeigte sich auch die Tiefbaubranche über den Kraftzuwachs der neuen Unimog 406. Das Ziehen großer Anhängescraper bei Trassierarbeiten auf unbefestigtem Untergrund hatte die 411er-Modelle vielfach überfordert. Daimler Truck AG

ger in Fahrzeugmitte und am Heck fast unmittelbar nebeneinander platziert waren, war der Abstand zwischen den beiden vorne platzierten Rohren etwas größer. Im Ergebnis führte diese Konstruktion zur gewünschten Torsionsfähigkeit des Fahrgestells, und zwar exakt da, wo sie am dringendsten benötigt wurde: an den Achsen. Das war aus mehreren Gründen von entscheidender Bedeutung. Zum einen war das Konzept des Unimog aus gutem Grund auf beispielhafte Geländegängigkeit ausgelegt. Das machte ihn herkömmlichen Ackerschleppern überlegen und erweiterte seine möglichen Einsatzbereiche enorm. Durch die definierte Verwindung des Rahmens und unterstützt durch seine speziellen Achsen und Feder-/Dämpferelemente hatte der Unimog auch in anspruchsvollsten Fahrsituationen im Gelände die Chance, stets mit wenigstens einem Rad Bodenkontakt herzustellen und so für Vortrieb zu sorgen. Zum anderen aber stellte diese Konstruktion gleichermaßen sicher, dass sich der Rahmen selbst bei maximaler Beanspruchung durch höchste zulässige Beladung in Verbindung mit extremer Achsverschränkung nicht dauerhaft verformte oder gar brach.

Einzigartige Detaillösungen

Hierzu leistete auch die Art und Weise, wie Längs- und Querträger zusammengefügt wurden, einen wichtigen Beitrag. Sie wurden nicht, wie bei den Vorgängerbaureihen, mithilfe von Schrauben und Nieten stumpf miteinander verbunden, um ein gewisses Maß an Verwindungsfähigkeit herzustellen, sondern man hatte

Die gegenüber dem Vorgängermodell auf 20 Zoll Durchmesser vergrößerten Räder unterstützten in Verbindung mit solch grobstolligen Reifen die Zugkraft der 406er-Modelle wirkungsvoll. Daimler Truck AG

Auf dieser Abbildung sind einige der wesentlichen konstruktiven Elemente des Leiterrahmens eines Unimog 406 zu erkennen: Die leichte, nach unten gerichtete Kröpfung in Wagenmitte, zwei der insgesamt sechs Rohrquerträger und die am hinteren Rahmenende eingeschweißten Knotenbleche. Daimler Truck AG

nach intensiven Erprobungen eine neuartige Form der Zusammenfügung ersonnen, die sowohl die erwünschte Torsion ermöglichte als vor allem auch die nötige Stabilität aufwies, die beim neuen, auf wesentlich höhere Belastungen ausgelegten Modell unerlässlich war. Man versah die beiden Längsträger an der ausgewählten Befestigungsstelle mit einer nach innen eingezogenen, versenkten Öffnung, an deren ungefähr zylinderförmigem Kragen die Enden der Rohrquerträger nun jeweils angeschweißt wurden. Diese ingeniöse Lösung machte letztlich eine hoch belastbare Schweißverbindung überhaupt erst realisierbar: Deren Nähte hätten bei herkömmlichem, stumpfem Anschweißen dem Verdrehmoment, das unter entsprechenden Fahrbedingungen anlag, nicht standgehalten und wären gerissen. Durch die im Unimog 406 verwirklichte spezielle Ausführung wurde dieser Effekt aber ausgeschlossen, weil die Schweißnähte hier wesentlich geringer belastet wurden und ihrer eigentlichen Aufgabe, der Schaffung einer besonders stabilen Tragstruktur, nachkommen konnten. Dies war insbesondere angesichts der immer schwerer werdenden Anbaugeräte dringend gefordert.

Unimog-DNA: ausgesuchte Achstechnologie

Der in der Mitte gekröpfte Leiterrahmen war von seiner Konstruktion her auf die Verwendung besonders geländetauglicher Achsen abgestimmt. Um eine hohe Geländetauglichkeit zu garantieren, mussten diese eine ungewöhnlich große Bodenfreiheit ermöglichen. Schon beim Ur-Unimog von 1946 gehörten deshalb sogenannte Portalachsen zum technischen Grundkonzept. Sie waren keineswegs eine Neuerfindung der Unimog-Entwickler. Ihre Wurzeln reichten vielmehr bis mindestens in die Zwischenkriegszeit zurück, und technisch umgesetzt wurden sie zuerst im Traktorenbau, wo hohe Bodenfreiheit stets von Bedeutung war. Vor dem Aufkommen hochgeländegängiger Nutzfahrzeuge mit Allradantrieb, wie zum Beispiel dem Unimog, zeichneten sich Portalachsen einzig durch die höher gelegte Achsbrücke aus. Erst als die Antriebskraft des Motors auf alle Räder übertragen wurde, entstand die Portalachse moderner Prägung. Konstruktiv handelt es sich bei Portalachsen um eine Achsbauart mit einem direkt an den Radträgern angeordneten Vorgelegegetriebe. Dieses ist als einstufiges Stirnradgetriebe ausgebildet und wird direkt von den Achswellen mit Drehmoment versorgt. Aus dieser Konfiguration ergibt sich, dass die Achsbrücke mit den Antriebswellen parallel nach oben versetzt positioniert werden kann, sodass starre Portalachsen mit ihren Rädern eine u-förmige Geometrie aufweisen, während normale Achsen eine h-förmige besitzen. So entsteht durch die nach oben versetzte Achsbrücke zwischen ihr und den angetriebenen Rädern eine zusätzliche Bodenfreiheit, die bis zu 40 Zentimeter betragen kann – Grundvoraussetzung für außerordentliche Geländetauglichkeit. Das bei Portalachsen zur Kraftübertragung eingesetzte zusätzliche Stirnradgetriebe bietet darüber hinaus noch einen weiteren Vorteil: Da die Antriebskraft hier zumeist untersetzt wird, ist das am Rad ankommende Drehmoment erheblich höher. Zum einen sorgt dies für noch einmal deutlich verbesserte Zugkraft, und zum anderen können sämtliche zwischen Motor und dem Stirnradgetriebe vorhandenen rotierenden Bauteile aufgrund ihrer geringeren physikalischen Belastung kleiner und leichter ausgeführt werden.

Keine neue Entwicklung

Bereits zu Beginn der 1950er-Jahre, zur Unimog-Frühzeit, gehörten Portalachsen bei einer Reihe von Spezial- und Militärfahrzeugen zur technischen Grundausrüstung. Zuvor hatte schon der bei der deutschen Wehrmacht zum Einsatz gekommene VW Kübelwagen die Tauglichkeit dieser Achsbauart eindrucksvoll unter Beweis gestellt. Bei den Achsen selbst griffen die Entwickler jahrzehntelang auf Pendel- und später zumeist auf Starrachskonstruktionen zurück, die einerseits am widerstandsfähigsten waren und bei denen sich andererseits die Auslegung als Portalachse am einfachsten realisieren ließ. Erst der Mitte der 1980er-Jahre bei der U.S. Army eingeführte hochgeländegängige »Humvee«, der spätere »Hummer«, verfügte vorn und hinten als Innova-

Die Kröpfung des Rahmens schuf genügend Platz, um ein Reserverad unterzubringen – allerdings nur, wenn es sich um die vergleichsweise schmale Serienbereifung handelte. **Daimler Truck AG**

Mit extrem breiter Niederdruckbereifung ausgerüstet, brauchte der leistungsstarke Unimog 406 dank seiner großen Bodenfreiheit noch nicht einmal vor Einsätzen in Moorgebieten zurückzuschrecken. Daimler Truck AG

tion über Portalachsen, die in Doppelquerlenker-Form ausgeführt waren – eine Art der Radaufhängung, wie sie sonst nur bei Personenwagen zu finden ist. Trotzdem ist bis heute der Unimog das wohl bekannteste Fahrzeug, das serienmäßig mit Portalachsen ausgerüstet ist. Sie gehören bis zur aktuellen Modellpalette, bestehend aus den Geräteträgern sowie der hochgeländegängigen Baureihe mit den Typen U 4023 und U 5023 zur DNA des Multitalents. Nicht umsonst gelten die beiden letztgenannten als die geländegängigsten Nutzfahrzeuge der Welt.

Die mögliche Achsverschränkung, wie hier auf dem Versuchsgelände Sauberg bei einem 406er demonstriert, war enorm. Der Leiterrahmen und die Feder-/Dämpfer-Elemente waren konstruktiv eigens darauf ausgelegt. ← Daimler Truck AG

Effiziente Achsführung

Ein weiteres typisches Merkmal der Unimog-Fahrwerkskonstruktion war die Verwendung von Schubrohren. Diese übernahmen zwei Funktionen: Zum einen dienten sie, jeweils vom Getriebe an die Vorder- bzw. Hinterachse führend und dort starr befestigt, als Mittel zur Achsführung. Schließlich mussten die beiden Achsen, die sonst nur über die Feder-/Dämpfer-Einheit mit dem Fahrgestell verbunden waren, im Zaum gehalten werden, sobald die Fahrphysik mit ihren Vortriebs-, Brems- und Seitenführungskräften ins Spiel kam. Zum anderen beherbergten die Schubrohre die rotierenden Kardanwellen, die die Antriebskraft vom Getriebe zum Hinter- und Vorderachsdifferenzial weiterleiten. Am Getriebe waren die Schubrohre unter Verwendung einer sogenannten

Hier ist gut die hochgelegte Achsbrücke der vorderen Portalachse zu erkennen. Diese auf herausragende Geländetauglichkeit abgestimmte Achsbauart ist noch in der heutigen Modellpalette kennzeichnend für den Unimog. Daimler Truck AG

Schubkugel befestigt, innerhalb der das jeweils getriebeseitige Kreuzgelenk der Kardanwelle lief. Während die im Fahrbetrieb stets auftretenden Auf-und-Ab-Bewegungen der Achsen von den Feder-/Dämpfer-Elementen kontrolliert wurden, verfügte der Unimog 406, um auch die durch einwirkende Seitenkräfte ausgelösten Querbewegungen der Achse einzudämmen, zusätzlich über einen vorderen und hinteren Panhardstab. Diese beiden Panhardstäbe waren an ihren Aufhängungspunkten drehbar gelagert und verbanden jeweils eine Seite der Starrachse mit der diagonal gegenüberliegenden Seite des Fahrgestells. Durch diese Auslegung wurde die mögliche Seitwärtsverschiebung der Achsen auf ein geringes Maß beschränkt, was der Spurtreue des 406ers im Straßenbetrieb sehr zugutekam.

Ausschließlich Schraubenfedern

Eine Spezialität des Unimog und eine der wichtigsten Grundlagen für seine legendären Geländeeigenschaften war die extrem langhubige Federung. Eine solche konnte nur durch die Verwendung von Schraubenfedern rundum erreicht werden. Die sonst bei Nutzfahrzeugen üblichen Blattfederpakete hätten niemals jene Art von Geschmeidigkeit herstellen können, die nötig ist, um im Gelände auch noch das letzte Quäntchen an Traktion erzielen zu können. Da allerdings Schraubenfedern im Gegensatz zu ihren rustikalen Brüdern weder Achsführungsaufgaben übernehmen können noch eine Eigendämpfung mitbringen, musste ihnen bei den schwereren Fahrzeugen der Baureihe 406 besondere konstruktive Aufmerksamkeit zuteilwerden. So entwickelte die Unimog-Mannschaft eine für den Nutzfahrzeugbereich ausgesprochen aufwendige Lösung. Diese bestand zum einen aus leichtgewichtigen, progressiv wirkenden Schraubenfedern aus individuell spezifiziertem Federstahl sowie zum anderen aus je einem doppeltwirkenden hydraulischen Teleskopstoßdämpfer pro

Auch für Einsätze in den Wattgebieten an der deutschen Nordseeküste war der Unimog mit seiner großen Bodenfreiheit und zuschaltbarem Allradantrieb häufig erste Wahl. Daimler Truck AG

Wer genau hinschaut, erkennt bei diesem Blick auf die Vorderachse eines 406ers den diagonal angebrachten Panhardstab. Er beschränkte die durch die Fahrphysik hervorgerufene Querbewegung der Achse im Fahrbetrieb auf ein Minimum. Daimler Truck AG

Rad, der die auftretenden Schwingungen unter Kontrolle hielt und so für eine hohe Fahrstabilität sorgte. Eine Besonderheit hierbei war jedoch, dass an der Hinterachse noch zwei Zusatzfedern zum Einsatz kamen. Diese waren im Durchmesser deutlich kleiner gehalten und konnten deswegen konzentrisch innerhalb der normalen Schraubenfedern angeordnet werden. Ihre Aufgabe war es, die Wirkung der Hauptfeder zu unterstützen, sobald das Fahrzeug besonders hohen Belastungen ausgesetzt war. So konnte die Federkraft der großen Schraubenfeder etwas geringer ausfallen, was sowohl dem Fahrkomfort auf der Straße wie auch der Geschmeidigkeit der Federung bei hartem Geländeeinsatz entgegenkam. Für Kunden, bei denen der 406er besonders anspruchsvolle Aufgaben zu erledigen hatte, standen auf Wunsch Federn mit höher spezifizierter Federrate bereit. Die ausgeklügelten Konzepte für den Fahrgestellrahmen und das Feder-/Dämpfer-Arrangement waren gute Beispiel dafür, wie überlegt und kreativ die Konstrukteure auch bei der Entwicklung der Baureihe 406 zu Werke gegangen waren.

Die langhubigen, progressiv wirkenden Schraubenfedern sind seit den Pioniertagen typisch für das Unimog-Fahrwerk. Hier sind auch die innenliegenden Zusatzfedern zu sehen, die bei hoher Belastung in Aktion traten. Im Hintergrund das vom Differenzial zum Getriebe führende Schubrohr und vorne der diagonal angeordnete Hinterachs-Panhardstab. Daimler Truck AG

Die Weiterentwicklung des Leiterrahmens war im Fall des schwereren und leistungsstärkeren Unimog 406 von besonderer Bedeutung. Er musste wegen der immer anspruchsvoller werdenden Einsatzprofile wesentlich höheren Belastungen standhalten als zuvor. Daimler Truck AG

Schwierigere Rahmenbedingungen für das Multitalent

Die enorme Wandlungsfähigkeit des Unimog, die in besonderem Maß für die leistungsfähigeren Fahrzeuge der Baureihe 406 galt, brachte als Alleinstellungsmerkmal zwar jede Menge Chancen, aber auch manche Probleme mit sich. Schon in den 1950er-Jahren war ein wahrer Boom im Bereich der Anbaugeräte ausgebrochen. Eine Vielzahl alter und neuer Hersteller drang mit häufig innovativen, immer komplexeren und schwereren Gerätschaften auf den Markt. Im Fokus stand hierbei insbesondere die Landwirtschaft, die in dieser Dekade einem hohen Modernisierungsdruck ausgesetzt war, um eine größere Produktivität und Effizienz zu erreichen. Beides sollte dafür sorgen, dass die im Primärsektor Tätigen in ihrem Wohlstand nicht noch weiter von denjenigen abgehängt wurden, die im ertragsstarken Sekundärsektor, also in der Industrie, beschäftigt waren. Folglich war eine immer weitergehende Mechanisierung das Gebot der Stunde. Schon die Traktorenhersteller hatten in den 1950ern von dieser Entwicklung profitiert und in ihrem Windschatten natürlich auch die Gerätehersteller. Schließlich waren, in der Breite betrachtet, die Nutzer von Ackerschleppern die Hauptzielgruppe der Hersteller landwirtschaftlicher Anbaugeräte und weniger diejenigen besser situierten Landwirte, die einen oder gar mehrere Unimog einsetzten.

Letztlich blieb alles eine Frage der wirtschaftlichen Möglichkeiten des einzelnen Betriebs, und da führte die Modernisierungskampagne zu einer Zäsur. Dem eingeleiteten Strukturwandel, der ebenso unabding- wie unumkehrbar war, zeigten sich im Wesentlichen mittlere und größere Höfe gewachsen, während Kleinbetriebe die finanziellen Lasten der überlebenswichtigen Mechanisierung weit weniger gut schultern konnten. So kam es mit Beginn der 1960er-Jahre zum berüchtigten „Höfesterben", dem Tausende Betriebe in der Bundesrepublik zum Opfer fielen. Doch nicht nur die kleinen Bauernhöfe verschwanden zunehmend von der Bildfläche, sondern auch die in den 1950ern geradezu massenhaft aus dem Boden geschossenen Hersteller von Klein-Traktoren, deren zumeist aus Konfektionsbauteilen zusammengeschraubte Schlepper kaum jemand mehr kaufen wollte.

Das Geschäft teilten nun die großen in- und ausländischen Hersteller unter sich auf, deren Angebotspaletten zumeist alle Segmente – vom leichten bis zum schweren Modell – umfassten. Hier trat auch der Unimog auf den Plan, denn die weiterhin gefertigten, alten 411er deckten den mittleren Bereich bis etwa 35 PS/28 kW ab, und die neue Baureihe 406 war mit ihren 65 PS/48 kW ideal für die höchste Leistungsklasse geeignet. Doch so simpel und klar war die Wettbewerbssituation für das Multitalent aus Gaggenau beileibe nicht. Da der Unimog konzeptionell weit jenseits eines landläufigen Ackerschleppers angesiedelt war, musste sich die Mannschaft in Gaggenau, aber auch die Unternehmensleitung in Stuttgart, mit gesetzlichen Regelungen auseinandersetzen, die zwar nicht für ihn gemacht waren, aber nach Lage der Dinge doch auf ihn angewendet wurden. Während man solche sich nachteilig auf den Unimog auswirkenden rechtlichen Normen auf dem Inlandsmarkt schon seit der Frühzeit durch intensive Lobbyarbeit vielfach hatte abbauen können, gab es für das Exportgeschäft weiterhin klare Benachteiligungen. Zum Beispiel bei den Einfuhrzöllen: Hier wurde der Unimog, da er mit seinen Fahrleistungen und der Ladepritsche eher wie ein normaler Lkw daherkam, auch zolltechnisch wie ein solcher behandelt. Das bedeutete, dass er nicht von den günstigeren Zolltarifen profitieren konnte, die für Ackerschlepper galten, was sich natürlich negativ auf die Verkaufspreise im jeweiligen Zielmarkt auswirkte. Auch wurde ihm in fast allen Exportländern verwehrt, Nutzen aus begünstigten Steuersätzen für Landwirtschaftsfahrzeuge oder verbilligtem Dieselsprit zu ziehen.

Aber auch in Deutschland war nicht alles eitel Sonnenschein: So war es dem Unimog als »schnellfahrende Zugmaschine« – eine im Wesentlichen für den mit einer »Hilfsladefläche« ausgestatteten Unimog eingeführte Kategorie – zunächst nicht erlaubt, auf der Straße unterwegs zu sein, wenn »austauschbare landwirtschaftliche Geräte« angebaut waren. Ein Thema, das merkwürdigerweise für Anbaugeräte, die aus dem kommunalen und industriellen Bereich stammten, nicht relevant war. Es bedurfte Jahrzehnte langer Geduld, intensiver Verbandsarbeit sowie zäher Interessenvertretung seitens Daimler-Benz, bis für den Unimog solche einschränkenden Regelungen für den Landwirtschaftsbereich entfielen.

Modernisierungsschub für Kabine und Pritsche

Die Unimog-Entwicklungsmannschaft berücksichtigte bei den Fahrzeugen der Baureihe 406 in bisher nicht gekannter Weise die berechtigten Forderungen der Anwender nach mehr Kabinenkomfort und erleichterter Bedienung. So wurde der Gestaltung des Fahrerhauses große Aufmerksamkeit gewidmet. Zu diesem Zeitpunkt war es im Nutzfahrzeugbereich noch eine relativ neue Erkenntnis, dass es sich letztlich lohnte, die Arbeitsbedingungen in der Kabine für das angestellte Fahrpersonal oder sonstige Nutzer zu verbessern. Noch bis tief in die 1950er-Jahre hinein unterschieden sich die Fahrerhäuser aktueller Lkw in ihrem Inneren kaum von den zu Recht als »Hütte« bezeichneten Vorkriegskabinen, die Fahrer und eventuellen Mitfahrern alles abverlangten. Ganz abgesehen von der stets schwergängigen Bedienung etwa von Lenkung, Bremsen, Kupplung, Getriebe sowie etwaig vorhandenen Schaltern und Hebeln, litten die Nutzfahrzeuglenker unter spartanischen, nur in Ausnahmefällen verstellbar ausgeführten Sitzen, zumeist beengten Raumverhältnissen, völlig unzureichender Isolierung gegen Lärm, Abwärme und Ausdünstungen von Motor und Getriebe, knüppelharter Federung sowie nicht zuletzt unter kaum vorhandenen Möglichkeiten zur Belüftung im Sommer und eher rudimentären Heizungsanlagen für den Winter.

Inakzeptable Arbeitsbedingungen

Am härtesten trafen diese alles andere als angenehmen Umstände natürlich die im Fernverkehr tätigen Lkw-Fahrer, eine Gruppe, die in Vorkriegszeiten noch kaum relevant war, aber mit der rasanten Entwicklung des Transportwesens in der Bundesrepublik der 1950er-Jahre zunehmend in den Blickpunkt geriet. Diese hielten sich mitunter tagelang in den Fahrerhäusern auf und waren körperlichen und mentalen Beanspruchungen ausgesetzt, die man heute kaum mehr nachvollziehen kann. Das veranlasste die Nutzfahrzeughersteller ab Mitte der 50er-Dekade dazu, sich über das Wohlbefinden des Kabinenpersonals verstärkt Gedanken zu machen, da vor dem Hintergrund eines rapide anwachsenden Verkehrsaufkommens auch die Anforderungen an die Leistungs- und Konzentrationsfähigkeit der Fahrer stie-

Das entspannte Gesicht des Fahrers zeigt, dass die Fahrzeuge der neuen 406er-Baureihe dank des überarbeiteten Rahmens und deutlich höherer Motorleistung nun auch für besonders anspruchsvolle Zugaufgaben verwendet werden konnten. Daimler Truck AG

Der Unimog – hier der 406 in offener und geschlossener Ausführung – passte als Multifunktionsfahrzeug seit jeher schlecht in vorhandene Regelstrukturen. Es dauerte vielfach Jahrzehnte, bis Vorschriften gefunden wurden, die ihn nicht benachteiligten. **Daimler Truck AG**

gen. Deutlich wachsende Unfallzahlen waren ein klarer Hinweis darauf, dass hier eine Menge passieren musste, um die Arbeitsbedingungen der Profifahrer nachhaltig zu verbessern.

Mehr Komfort, optimierte Ergonomie

Zwar gehörte – ganz anders als im Pkw-Bereich – die Nutzfahrzeugsparte von Mercedes-Benz keinesfalls zu den Vorreitern in puncto Kabinenkomfort und „Fahrerpflege", aber in der zweiten Hälfte der 1950er-Jahre tat sich hier auch bei den Stuttgartern einiges. So gab es mit der Zeit neue, eigens gefederte und gedämpfte Sitze, besseren Lärmschutz, eine effizientere Belüftung und weitere Erleichterungen und Komfortsteigerungen. Auch der Unimog profitierte natürlich vom inzwischen geschärften Blick der Mercedes-Benz Nutzfahrzeugspezialisten in Sachen Kabinenkomfort, und die Fahrzeuge der Baureihe 406 warteten hier tatsächlich mit erkennbaren Fortschritten gegenüber ihren Vorgängern auf. Praktisch bedeutete dies, dass zum Beispiel das Armaturenbrett, das Lenkrad, Bedienungselemente, Heizung und Belüftung weitestgehend denjenigen ähnelten, die schon in modernen Mercedes-Benz Lkw verwendet wurden. Insbesondere galt dies auch für die Sitze, die zwar nicht nennenswert körperfreundlich konturiert waren, aber immerhin in Längsrichtung wie in der Höhe auf die Bedürfnisse des jeweiligen Fahrers justiert werden konnten und darüber hinaus mit einer für die Zeit ungewöhnlich komfortablen Polsterung aufwarteten. Bezogen waren die Sitze mit einem besonders robusten, praxisgerecht leicht zu reinigenden Kunststoffmaterial, das in mehreren Ausführungen zum Einsatz kam, aber stets in den Farbtönen Grau und Schwarz gehalten war. Ebenfalls wirkte sich die hängende Anordnung der Fußpedalerie – eine im Pkw-Bau bereits weit verbreitete Praxis – vorteilhaft aus. Diese Premiere im Bereich des Unimog ließ die unverändert erforderlichen hohen Betätigungskräfte etwas in den Hintergrund rücken. Grundsätzlich war mit der Sitzposition sowie der Anordnung und Auslegung sämtlicher Bedienelemente im 406er der Forderung nach deutlich verbesserter Ergonomie Rechnung getragen worden. Da jedoch die Alltagspraxis

1950 kannten Lkw-Fahrerhäuser, wie dieses eines Mercedes-Benz L 6600, weder nennenswerten Komfort noch irgendwelche Formen von Bedienungserleichterungen. Nichts funktionierte leichtgängig, und Ergonomie war noch ein Fremdwort.↑

Die Kabine eines Unimog 406 überzeugte vor allem durch die vielfach verstellbaren und für die damalige Zeit komfortabel gepolsterten Einzelsitze. Lenkradhebel hatten auch schon Einzug gehalten.→

Die Armaturentafel machte einen aufgeräumten Eindruck, alles lag gut zur Hand, und die großformatigen Rundinstrumente waren bestens ablesbar. Störend war aber nach wie vor der unter einer voluminösen Abdeckung in die Kabine hineinragende Motor.
↓

Bilder: Daimler Truck AG

Ein früher U 65 mit Ganzstahlkabine, die zunehmend an Popularität gewann. Daimler Truck AG

Das nachhaltig modernisierte Fahrerhaus der 406er war auch in der offenen Variante mit einer gebogenen Windschutzscheibe ausgestattet. Daimler Truck AG

Die Sitzposition im Unimog und die Pritsche erschwerten den Blick nach hinten. Daimler Truck AG

Mit schwerem Frontlader ausgestattet, war der Unimog – im Bild ein U 70 – auch in der Bauwirtschaft ein flexibel einsetzbarer Helfer. Daimler Truck AG

Auch die neuen »schweren« Unimog-Modelle hatten noch ein festes Standbein in der Landwirtschaft. Daimler Truck AG

Das Ausbringen von Dünger gehörte zu den klassischen Arbeiten, die ein Unimog besonders effizient verrichtet. Hier kam ihm seine Ladefläche zugute, auf der die Vorratstanks transportiert wurden. Daimler Truck AG

Mit einer gezogenen Bodenfräse lockerte der Unimog schnell die obersten Schichten des Ackerbodens auf. Daimler Truck AG

Auch beim Pflanzenschutz mit Spritzauslegern machte die geräumige Ladepritsche des Unimog gegenüber Ackerschleppern klassischer Bauart den entscheidenden Unterschied. Der Vorratstank war hier optimal untergebracht. Daimler Truck AG

mit dem Unimog, sowohl in der Landwirtschaft wie im kommunalen, industriellen und gewerblichen Bereich, weniger von längerer Verweildauer in der Kabine geprägt war als vom häufigeren Ein- und Aussteigen, sahen die Entwickler zudem eine bequemere Möglichkeit vor, das Fahrerhaus zu entern und wieder zu verlassen. In dieser Hinsicht waren die breiteren Türen und jeweils eine Trittstufe am hinteren unteren Ende der Vorderkotflügel ein echter Fortschritt.

Rückkehr zur Klapp-Frontscheibe

Wie bei den 411er-Modellen standen beim neuen Modell eine Cabrioversion und das geschlossene Ganzstahlfahrerhaus zur Wahl, Erstere zur Markteinführung im April 1963 und Letzteres einen Monat später. Der Wetterschutz des offenen Modells bestand aus dem bekannten, an die neuen Kabinendimensionen angepassten Verdeck und den zwei seitlichen Steckscheiben. Neu war, dass die Frontscheibe der Cabrioversion leicht gebogen war und deshalb nicht mehr nach vorne umgeklappt werden konnte. Erst sechs Jahre später, 1969, gab man in Gaggenau dem ständigen Drängen von Käuferseite nach und führte wieder eine plane, nun aber einteilig ausgeführte Frontscheibe am 406 ein, die umlegbar gestaltet war. Damit verbesserten sich die ohnehin durch die ultrakurze Motorhaube des Unimog gegebenen vorzüglichen Sichtverhältnisse nach vorne und zur Seite noch einmal – besonders in der Landwirtschaft, wo ein möglichst freier Blick aufs Feld und die einzelnen Arbeitsgänge erforderlich war, hatte man dieses typische Ausstattungselement schmerzlich vermisst. Ein Nebeneffekt für Gaggenau war, dass diese Wiedereinführung der klappbaren Scheibe die Herstellungskosten verbilligte.

Moderne Dreipunktlagerung

Vor allem trug zum vergleichsweise hohen Komfortniveau, das die Fahrzeuge der Baureihe 406 auch im Fahrbetrieb boten, die speziell für den Unimog konzipierte Dreipunktlagerung der gesamten Kabineneinheit bei. Diese ingeniöse Idee einer mechanischen Entkopplung von Rahmen und Kabine brachte zahlreiche bedeutende Vorteile mit sich. Insbesondere stellte sie die Voraussetzung für die exzellente Geländetauglichkeit des Unimog dar: Wären beide Baugruppen starr miteinander verbunden gewesen, würde einerseits die Torsionsfähigkeit

Dass der Unimog auch als schnelles Transportfahrzeug und leistungsstarke Zugmaschine auf der Straße fungieren konnte, machte ihn seinerzeit herkömmlichen Traktoren überlegen. Daimler Truck AG

Aufbaubagger, die von der Ladeplattform aus bedient wurden, gehörten zu den beliebtesten Zusatzgeräten für den Unimog im kommunalen Einsatz. Die ausfahrbaren Stützausleger sicherten die Statik des Arrangements. Daimler Truck AG

Gezogene Grabenfräsen waren als Anbaugerät bei Rohr- oder Kabelverlegungsarbeiten unerlässlich. Dank seiner hohen Traktion war der Unimog hier ein ideales Einsatzfahrzeug. Daimler Truck AG

des Leiterrahmens auf ein Minimum beschränkt bleiben und andererseits die Gefahr bestehen, dass die Kabine aufgrund der einwirkenden Verwindungskräfte Schaden nimmt. Das verhinderten zwei in Höhe des hinteren Fahrerhausendes links und rechts am Leiterrahmen angeschweißte Lagerböcke sowie ein am vordersten Rahmenquerträger mittig angeordneter dritter Lagerpunkt. Die drei zapfenartigen Gegenstücke waren an einem unterhalb des Fahrerhausbodens montierten Hilfsrahmen befestigt. Die komplette Kabinenbaugruppe wurde bei der Fahrzeugmontage mithilfe von Gummilagern in die drei Lagerpunkte am Leiterrahmen eingesetzt, womit eine flexible Aufhängung des Fahrerhauses gegeben war und Verwindungsbewegungen des Rahmens bei anspruchsvollem Geländeeinsatz weitgehend kompensiert werden konnten.

Der Wirbelwind

Ein ebenso interessantes wie praxistaugliches Technikdetail verbarg sich hinter dem bei vielen Unimog 406 in unmittelbarer Nähe der in Fahrtrichtung linken A-Säule der Kabine emporragenden Schnorchel mit rundem Querschnitt. Dabei handelte es sich um den nach außen und oben verlegten Lufteinlass des Motors. Die Vorrichtung konnte auf Wunsch geordert werden und war insbesondere dann nützlich, wenn das betreffende Fahrzeug in stark staub- bzw. partikelbelasteten Umgebungen eingesetzt wurde, etwa auf Baustellen. Im Inneren des Schnorchels war ein sogenannter Zyklon untergebracht, der, durch den Ansaugvorgang des Antriebsaggregats in starke Rotation versetzt, durch seine Zentrifugalkraft verhinderte, dass staubige Ansaugluft bis zum eigentlichen Luftfilter vordrang. Stattdessen wurden die festen Partikel im Wesentlichen schon durch den Zyklon abgeschieden.

Auch im Straßen- und Wegebau kamen bei Trassierarbeiten häufig Bodenfräsen am Unimog zum Einsatz. Auf diesem Bild ist auch der hochgelegte Ansaugluftschnorchel, fahrerseitig an der A-Säule platziert, gut zu erkennen. Daimler Truck AG

Die Anwendung von Plattenverdichtern – manchmal, wie auf dieser Abbildung zu erkennen, sogar vorne und hinten angekoppelt – waren und sind bis heute eine Unimog-Domäne. Deren Antrieb erfolgt jeweils über die Front- bzw. Heckzapfwelle. Daimler Truck AG

Zwei Pritschenlängen

Die Pritsche war seit jeher ein charakteristisches Ausstattungsmerkmal des Unimog, das ihn zum einen von den klassischen Ackerschleppern unterschied, ihn aber zum anderem zu einem extrem vielseitigen Nutzfahrzeug machte. Im 406er stand die Pritsche in zwei unterschiedlichen Formaten zur Wahl. In der Standardausführung war sie 1950 mm lang und 1890 mm breit. Auf Wunsch war sie aber auch mit einer Länge von nur 1475 mm zu bekommen, wobei zwischen der Kabinenrückwand und der in Fahrtrichtung vorderen Pritschenwand ein zusätzlicher Raum von fast 50 Zentimetern entstand, ohne dass sich dadurch die Fahrzeuglänge veränderte. Der damit gewonnene Platz diente vor allem bei Fahrzeugen im kommunalen, industriellen und gewerblichen Einsatz als zusätzlicher Anbauraum. Hauptsächlich wurden hier Ladekrane, zum Beispiel der Gerätehersteller HIAB und Klaus, integriert, die von außen bedient wurden und Ladegut jeglicher Art auf die Pritsche hieven und abladen konnten. Seltener wurde dort kommunales Zusatzgerät wie etwa ein Hubsteiger zur Kontrolle von hoch über der Straße montierten Ampeln oder Beleuchtungen installiert. Die auf Hubgerät spezialisierte Firma Ruthmann war hier ein bevorzugter Ausrüster. Die Platzierung von Anbaugeräten zwischen Kabine und Pritsche brachte den Vorteil einer günstigen Schwerpunktlage mit sich, die die Statik insgesamt begünstigte und das Fahrzeug vergleichsweise wenig belastete. Der Nachteil bestand aber naturgemäß in der nicht wenig eingeschränkten Ladekapazität der kleineren Pritsche. Obwohl die normal große Pritsche des 406ers mit ihrer Fläche von 3,7 m² deutlich mehr Platz bot und auch über 20 Zentimeter länger sowie fast 40 Zentimeter breiter war als die der Vorgängerbaureihe 411, wurde sie doch von Unimog selbst und in allen auch auf ihn bezogenen Vorschriften nach wie vor als Hilfsladefläche bezeich-

Charakteristisch für den Unimog 406 war die werkseitige Verfügbarkeit zweier unterschiedlich langer Pritschenausführungen auf identischem Radstand. Wer sich für die normal lange Ausführung entschied, legte besonders auf Transportkapazität Wert. **Daimler Truck AG**

Der bei der kurzen Variante entstehende Raum hinter dem Fahrerhaus betrug 475 mm und konnte für den Anbau von Zusatzgeräten genutzt werden.
Daimler Truck AG

Der Leiterrahmen des Unimog musste unterschiedlichen Belastungen absorbieren können. Hier erkennt man, dass ein Frontlader besonders die vorderen Längs- und Querträgerabschnitte belastete.
Daimler Truck AG

Eine besondere Spezialität war die als Anbaugerät ausgeführte Bohrschnecke, die zumeist von der vorderen Zapfwelle in Rotation versetzt wurde. Dank seiner Geländegängigkeit konnte der Unimog für solche Einsätze auch in unwegsames Gebiet vordringen. Daimler Truck AG

Die ebenfalls gewichtige Verfüllschnecke verursachte bei solchen Einsätzen große seitliche Krafteinwirkungen. Daimler Truck AG

Mit einem Aufbaubagger ausgerüstet, der von der Heckplattform aus bedient wurde, konnte der 406er problemlos kleinere Erdarbeiten erledigen.
Daimler Truck AG

Ob, wie hier, in der Landwirtschaft, im Kommunal- oder gewerblichem Einsatz: Die »Hilfsladefläche« zählte für die Käufer eines Unimog seit jeher zu dessen wichtigsten Vorteilen.
Daimler Truck AG

Die Röntgendarstellung verdeutlicht noch einmal das für seine Zeit geballte, aber dennoch kompakte Technikpaket des Unimog. Daimler Truck AG

Der großvolumige Sechszylinder-Diesel OM 352 machte mit seinen konstruktiven Reserven den Weg frei für weitere Leistungserhöhungen. Daimler Truck AG

net. Das spiegelte die grundsätzliche konzeptionelle Ausrichtung des Multitalents wider. Der Unimog war nicht für den ständigen Transport von Schütt- oder Stückgut gedacht, und auch der Personentransport war ausgeschlossen. Die Pritsche sollte vielmehr zur Beförderung von Arbeitsmaterialien und Werkzeug dienen, aber auch als Raum, auf dem zum Beispiel landwirtschaftliches Streugut vorgehalten werden konnte.

Funktioneller Aufbau

Technisch verfügte die Pritsche über einen eigenen, vierfach gelagerten Hilfsrahmen. In Verbindung mit einem hydraulisch aus- und einfahrbaren, fünfteiligen Teleskopelement wurde die komplette Baugruppe zu einer flexiblen Dreiseiten-Kipppritsche, die das Entladen von Schüttgut schnell und effizient bewerkstelligte. Darüber hinaus war der Boden der aus Stahl gefertigten Pritsche mit einem großen, sich zum hinteren Ende stark trapezförmig erweiternden Element versehen, das herausnehmbar war. So konnte man, insbesondere wenn die hintere Ladebordwand abgenommen war, von außen einen Kontrollblick auf den Rahmen und alle daran angebauten Komponenten, etwa die Hydraulikteile, werfen. Die Konstruktion der gesamten Baugruppe erlaubte es zudem, die Pritsche auch komplett abzunehmen. Dann fanden unter anderem großformatige Aufbaugeräte Platz, die in den vier Lagerpunkten sicher verankert wurden.

Ab 1969 beugte man sich dem vielfach geäußerten Kundenwunsch, die Frontscheibe der offenen Kabinen wieder klappbar auszuführen. Vor allem in der Landwirtschaft war das vorteilhaft. Entlang der A-Säule verläuft die hochgelegte Luftansaugung mit aufgesetztem Zyklon.
Daimler Truck AG

An vier Ankerpunkten war die Pritsche, im Bild mit zum Teil abgenommenen Bordwänden, solide am Rahmen befestigt. ↑

Die Trittstufe am hinteren unteren Ende des Frontkotflügels machte häufiges Ein- und Aussteigen wesentlich kraftsparender und sicherer. ←

Die Dreipunktlagerung des Fahrerhauses ist auf diesem Bild eines 406er Chassis so gerade noch zu identifizieren. Die beiden hinteren Punkte sind in Höhe des Übergangs vom Motor zum Getriebe außen am Rahmen angebracht, der vordere befindet sich auf dem vordersten Querträger. ↓

Fotos. Daimler Truck AG

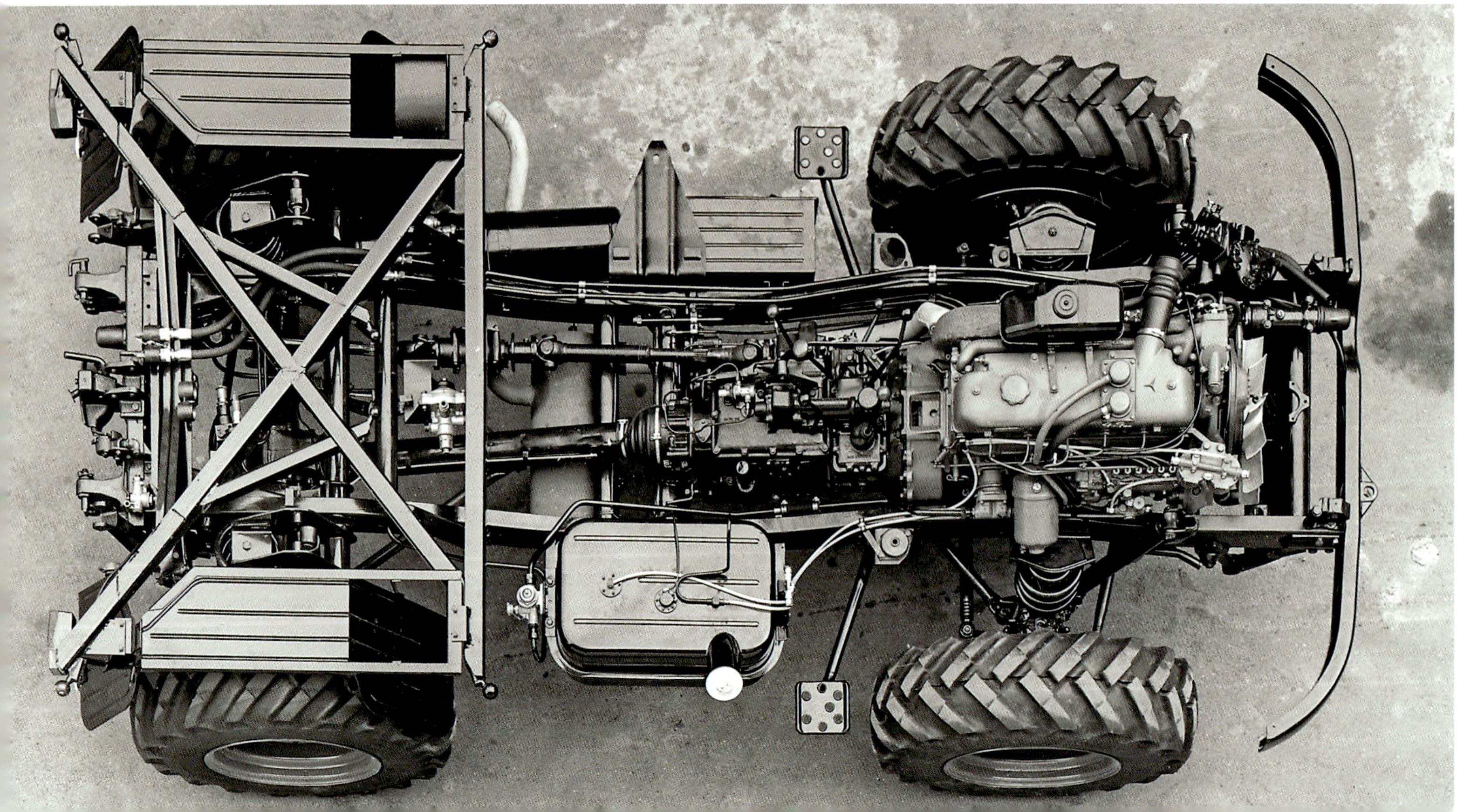

Die Ladepritsche, an ihrer Unterseite mit einem fünfteiligen hydraulischen Teleskopzylinder versehen, machte aus dem Unimog einen Dreiseitenkipper. Gut ist auch der Hilfsrahmen zu erkennen, der als stabilisierende Basis der Pritsche diente. ↑↓ Daimler Truck AG

Im Heckbereich war die Ladeplattform mit einem herausnehmbaren Segment versehen, was einen ungehinderten Blick auf die darunterliegende Technik erlaubte. Daimler Truck AG

Kapitel 3
Drei Jahrzehnte Modellgeschichte

Die technische Weiterentwicklung und Modellpflege der Unimog-Fahrzeuge der Baureihe 406 vollzog sich, wie im Hause Daimler-Benz sowohl bei Pkw wie bei Nutzfahrzeugen üblich, kontinuierlich und zumeist ohne revolutionäre Innovationen. Es entsprach seit jeher dem Credo des Unternehmens, das einzigartige Qualitätsniveau seiner Erzeugnisse unter allen Umständen sicherzustellen. Daraus folgte, dass zu keiner Zeit neue Komponenten, von denen man sich weitere Verbesserungen der Unimog-Eigenschaften versprach, in die Serienfertigung übernommen wurden, deren Tauglichkeit und Verlässlichkeit nicht hundertprozentig auf Herz und Nieren geprüft worden war. Folglich dauerte es im Allgemeinen länger, bis manche technische Modernisierung auch in der jeweiligen Fahrzeugbaureihe ankam. Zudem waren die Innovationsschritte selbst gelegentlich kürzer als von Interessenten und Testern gefordert. Doch profitierten am Ende Kunden und Unternehmen von dieser Politik, denn die technischen Neuigkeiten, die eingeführt wurden, waren bis ins Detail ausgereift und bereiteten den Nutzern, zum Beispiel eines Unimog, fast nie Probleme.

Dutzende von Extras standen zur Verfügung, um die Ausstattung eines Unimog 406 optimal nach Kundenwunsch zu gestalten. Dazu gehörten beispielsweise auch die rot-weißen Warnstreifen an diesem Fahrzeug im kommunalen Wintereinsatz. Daimler Truck AG

Geschmeidiger Serienstart

Im Fall der neuen Baureihe 406, die ab April 1963 in Gaggenau vom Band lief, bedeutete dies, dass bis zum Jahresende kein Bedarf an tiefgreifenderen Modifikationen bestand – der U 65 funktionierte im Alltagseinsatz bei den Kunden von Beginn an zur vollsten Zufriedenheit. Dennoch schenkte man in Gaggenau auch Kleinigkeiten Beachtung und verbesserte zum Beispiel die Ausführung der Instrumente an der Armaturentafel.

Da der leistungsstarke 406er auch wesentlich häufiger für Zugaufgaben genutzt wurde als seine bestenfalls halb so leistungsfähigen Vorgänger, entschloss man sich auch dazu, die Aufnahme der Anhängerkupplung noch belastbarer zu machen. Mehr tat sich in puncto Modellpflege im Premierenjahr der Baureihe nicht. Von der zuerst verfügbaren Version mit offenem Fahrerhaus wurden 1963 exakt 419 Exemplare gebaut, von der wenige Wochen später, ab Mai, ebenfalls lieferbaren Version mit

Das hier abgebildete Beladen eines Langholzanhängers mithilfe der Zapfwellen-getriebenen Heckseilwinde gehörte zu jener Art PS/kW-zehrender Arbeiten, für die der neue 406er weit besser geeignet war als die Fahrzeuge der Baureihe 411. **Daimler Truck AG**

Ganzstahlkabine verließen kaum weniger die Produktionsanlagen in Gaggenau, nämlich 382 Einheiten. Dieses fast ausgeglichene Verhältnis spiegelte den wachsenden Bedarf wider, den vor allem Kundenkreise aus Gewerbe und Industrie an Fahrzeugen mit geschlossenem Fahrerhaus hatten. Die große Mehrheit der offenen 406er wurde nach wie vor von Käufern aus dem landwirtschaftlichen Bereich geordert.

Fest im Blick: das neue Antriebsaggregat

Mit Beginn des Jahres 1964, dem ersten vollen Produktionsjahr der Baureihe 406, rückte immer stärker der

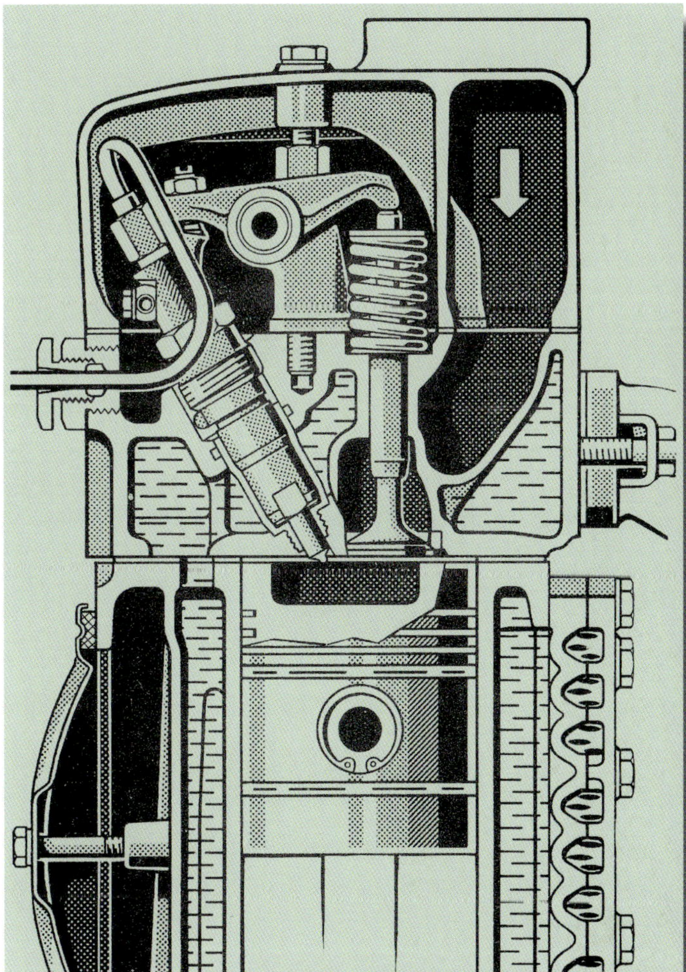

In dieser Schnittzeichnung sind die wesentlichen Komponenten im Zylinderkopf des OM 352 zu sehen: oben Teile der Ventilsteuerung mit Kipphebel, Ventilfeder und senkrecht hängendem Ventil, links daneben die schrägstehende, direkteinspritzende Einspritzdüse und unten der Kolben. Daimler Truck AG

Noch nicht komplettierter neuer U 65 mit Ganzstahl-Fahrerhaus. Gut zu erkennen ist die mit einer schwarzen Abdeckung versehene Frontzapfwelle, direkt hinter der Stoßstange sieht man die Aufnahmepunkte des Frontkrafthebers. Daimler Truck AG

Der ab Sommer 1964 in den Unimog 406 statt des OM 312 eingebaute OM 352 war der erste von den Untertürkheimer Motorenkonstrukteuren entwickelte Diesel-Direkteinspritzer, eine Technologie, die zahlreiche Vorteile mit sich brachte.
© Foto: Ra Boe / Wikipedia (CC BY-SA 3.0 de)

Der Heckkraftheber dieses U 65 trägt ein Tiefenlockerungsgerät, das durch den Acker gezogen wird. Um speziell auf feuchtem Untergrund bessere Traktion zu erzielen, sind auf der Ladepritsche des Unimog zahlreiche Ballastgewichte verteilt. Daimler Truck AG

baldige Wechsel zum moderneren und mit vielen konstruktiven Reserven antretenden Antriebsaggregat in den Mittelpunkt. Zwar war kaum ein Käufer der anfangs mit dem 4,6 Liter großen OM 312 ausgestatteten Fahrzeuge unzufrieden mit dieser zigtausendfach bewährten Antriebsquelle, aber es entsprach der im Vorfeld der Serieneinführung der Baureihe 406 beschlossenen Strategie, so schnell wie möglich auf das neue Triebwerk umzuschwenken. Die Entwickler in Gaggenau, die einen genauen Blick auf das Marktgeschehen und die Kundenmeinungen hatten, waren überzeugt davon, dass der gerade neuentwickelte Sechszylinder-Diesel der Motorenbaureihe OM 352 die Idealbesetzung unter der kurzen 406er-Haube war.

Moderne Technologie

Bei Daimler-Benz hatte man schon seit Beginn der 1950er-Jahre nachdrücklich an einer neuen Dieselmotorengeneration gearbeitet. Im Lauf der Entwicklung wurde den Motorenkonstrukteuren in Untertürkheim aber immer klarer, dass die bisher in Stuttgart gebauten Vorkammer-Diesel konzeptionell nicht mehr auf der

Auch im kommunalen Winterdienst profitierte der U 65 vom Einbau des über große Reserven verfügenden OM 352. Die vorne angebaute Schmidt-Seitenschneeschleuder mit Pflugzuführung wurde über die Frontzapfwelle ebenfalls vom Fahrmotor angetrieben. Daimler Truck AG

Ausgestattet mit einem hydraulischen Schmidt/Baas-Frontlader ist dieser geschlossene 406er mit dem Baustoffumschlag in einer Sandgrube beschäftigt. **Daimler Truck AG**

Höhe der Zeit waren. So wurde als wichtigste Innovation für die neue Triebwerksfamilie ein Einspritzverfahren vorgesehen, dass zwar nicht mehr ganz neu war, aber insbesondere bei der Konkurrenz von MAN und inzwischen auch anderswo mit großem Erfolg und handfesten Vorteilen eingesetzt wurde: die Direkteinspritzung. Diese Technologie war vor allem seitens der Schweizer Dieselmotorpioniere von Saurer vorangetrieben worden. Damit ausgestattete Triebwerke zeichneten sich durch merklich geringen Kraftstoffverbrauch sowie einen höheren Wirkungsgrad aus. Entscheidender Unterschied zwischen einem Vorkammer-Diesel und einem mit Direkteinspritzung waren die wesentlich höheren Einspritzdrücke, die bei Letzterem erforderlich waren, um ein zufriedenstellendes und vorteilhaftes Laufverhalten sicherzustellen. Selbstverständlich hatte man bei Daimler-Benz umfangreiche Versuche mit der Direkteinspritzung unternommen und konstruierte letztlich ein System, bestehend aus Dralleinlasskanälen, einer mittig angeordneten vierstrahligen Einspritzdüse und einem zylindrisch geformten Brennraum, das den hohen Anforderungen genügte. Nach ausgiebigen praktischen Erprobungen, bei denen eventuell auftretende konstruktive Schwächen ausgemerzt wurden, feierte das OM 352 genannte Aggregat im März 1963, unmittelbar vor dem Serienanlauf der Unimog Baureihe 406, seine Premiere auf dem Genfer Automobil-Salon.

Unterforderter Drosselmotor

In seiner Grundarchitektur handelte es sich bei dem Neuen um einen wassergekühlten Reihensechszylinder-Viertaktdiesel mit einem Hubraum von 5675 cm³. Mit Zylindermaßen von 97 mm Bohrung und 128 mm Hub war der Motor eindeutig, aber nicht extrem langhubig ausgelegt. Dies garantierte – besonders wichtig im Nutzfahrzeug – hohe Drehmomentwerte bei niedrigen Drehzahlen und damit ein hervorragendes Zugvermögen. Für den Einsatz im Unimog war die Höchstleistung des Triebwerks auf lediglich 65 PS/48 kW begrenzt, die bei einer ausgesprochen niedrigen Nenndrehzahl von 2550/min anfielen. Bei nur 1600/min erreichte der Sechszylinder sein Drehmomentmaximum von 205 Newtonmeter. Die Verdichtung des Motors betrug 17:1. Im Unimog trat der OM 352 übrigens mit einer so geringen Leistungsausbeute auf wie in keiner damit motorisierten Lkw-Baureihe. Wie seinerzeit üblich,

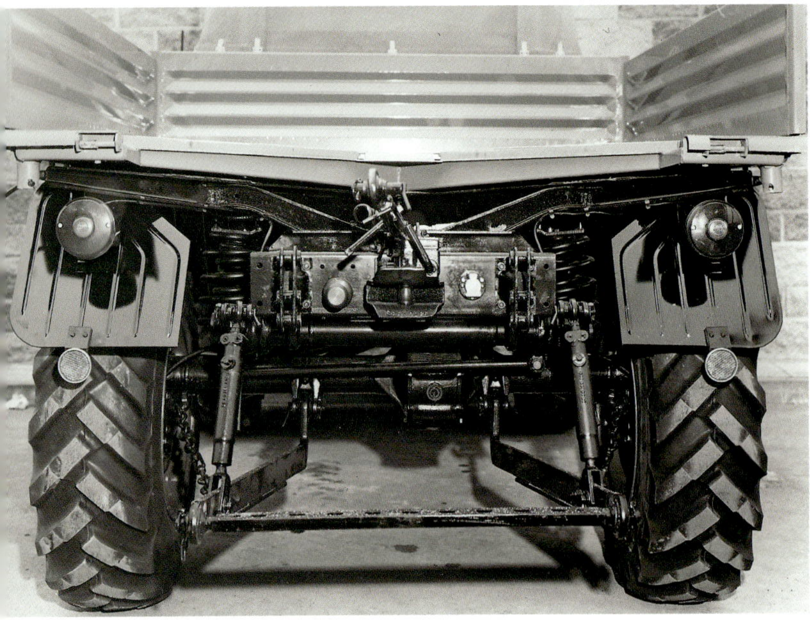

Weil die Fahrzeuge der Baureihe 406 aufgrund ihrer leistungsfähigen Motoren verstärkt auch als Zugfahrzeuge eingesetzt wurden, schenkten die Entwickler der Anhängerkupplung besondere Aufmerksamkeit. Ab Frühjahr 1964 kam eine solche von Rockinger zum Einbau.
Daimler Truck AG

Dieser U 65 bearbeitet den Ackerboden mit einem Kettenmulchgerät, das über die vordere Zapfwelle angetrieben wird. Die gut sichtbare, sehr lange Antriebswelle des Anbaugeräts dürfte aufgrund der Hebelwirkung eine große Belastung für den Motorantrieb dargestellt haben.
Daimler Truck AG

bestanden Kurbelgehäuse und Zylinderkopf des Motors aus hochbelastbaren Graugusslegierungen, die hier von unterschiedlicher Spezifikation waren. Das Gehäuse war horizontal geteilt ausgeführt, wobei im unteren Teil die Kurbelwelle mit der Ölwanne untergebracht war und sich im darüberliegenden die Zylinderbank sowie die Nockenwelle befanden. Komplettiert wurde das Ganze vom einteiligen Zylinderkopf. In ihm hingen je Zylinder, parallel angeordnet, ein Einlass- und ein Auslassventil gleicher Größe. Die erwähnten Vierlocheinspritzdüsen waren innerhalb des Zylinderkopfes platziert und in einem Winkel von 30 ° zum Brennraum geneigt eingebaut. Die Ventilbetätigung erfolgte mithilfe der untenliegenden, vierfach gelagerten Nockenwelle klassisch über paarweise angeordnete Stoßstangen, Kipphebel und Ventilfedern. Die Nockenwelle selbst war aus besonders hochwertigem Stahl gefertigt und an ihrem vorderen Ende mit einem schrägverzahnten Antriebsrad versehen. Tatsächlich hatte die Nockenwelle noch zusätzliche Aufgaben zu verrichten: Über ein weiteres, ebenfalls an ihrem vorderen Ende vorhandenes Zahnrad wurde die von Bosch zugelieferte Reiheneinspritzpumpe angetrieben, und in der Mitte der Welle war ebenfalls ein Zahnrad untergebracht, das zum Antrieb der Motorölpumpe diente. Diese wiederum war das Kernstück der Druckumlaufschmierung und direkt in der Ölwanne platziert. Dort nahm die Pumpe mithilfe eines kurzen Saugrohrs mit Ansaugtrichter und Sieb das im Ölsumpf vorgehaltene Motoröl auf und beförderte es, im gesamten Ölkreislauf mehrfach gefiltert, in Richtung Hauptölleitung. Serienmäßig vorhanden war auch ein Ölkühler, der die thermische Stabilität des Sechszylinders noch einmal erhöhte. Er war unterhalb des Abgaskrümmers direkt an das Kurbelgehäuse angeflanscht, wo er zur optimalen Wärmeabfuhr von Kühlwasser umspült wurde.

Kompaktes Package

Der Wasserkühlkreislauf des OM 352 wurde durch eine Kreiselpumpe in Bewegung gehalten, die an der Stirnseite des Motors in den Zylinderkopf integriert war. Ihr Antrieb, wie auch der der Lichtmaschine, erfolgte direkt durch eine am vorderen Kurbelwellenende sitzende Riemenscheibe mithilfe eines Keilriemens. Auf der Wasserpumpenwelle wiederum war das Lüfterrad montiert, das den Wasserkühler bei seiner Aufgabe unterstützte.

Auch im Rohrleitungsbau über Land war der Unimog aufgrund seiner Geländegängigkeit mitunter unentbehrlich. Hier hievt ein U 65, ausgerüstet mit einem Atlas-Ladekran, Leitungsrohre in den (wahrscheinlich ebenfalls von ihm) ausgefrästen Graben. Daimler Truck AG

Mit der Einführung der Baureihe 406 verloren die bisher angebotenen Unimog-Modelle an Attraktivität. Der 411er, hinten im Bild, blieb dennoch im Programm, weil dessen Verkaufsstückzahlen für eine rentable Fertigung immer noch ausreichten. Daimler Truck AG

Gesteuert wurde der Wasserkühlkreislauf, dessen Inhalt übrigens 16 Liter betrug, durch ein Thermostat. Die sehr kompakt gehaltene Auslegung des Sechszylinders wurde vervollständigt durch außen am Motorgehäuse angebrachte Zusatzkomponenten. Dazu zählten beispielsweise Lichtmaschine und Anlasser. Apropos elektrische Anlage: Im Unimog 406 kam bis Ende der 1960er-Jahre ein 12-Volt-Bordnetz zum Einsatz, das im Zusammenwirken mit einer leistungsstarken 110-Ah-Batterie für eine stabile Stromversorgung sorgte.

Start der Modellpflege

Als das neue Triebwerk endlich auch für den Unimog 406 zur Verfügung stand – es wurde nach etwas mehr als 1700 mit dem OM 312 ausgestatteten Fahrzeugen gegen Mitte des Jahres 1964 in die Serie übernommen –, konnte noch niemand ahnen, welche grandiose Karriere der Sechszylinder noch vor sich hatte. Vorerst musste man sich aber noch mit den gleichen 65 PS/48 kW begnügen, die das veraltete Vorgängertriebwerk schon geliefert hatte.

Bis auf Weiteres beschäftigte man sich in Gaggenau deshalb mit gezielten Detailverbesserungen am 406er, die zum größten Teil auf Anregungen zurückgingen, die von Seiten der Anwender vorgebracht worden waren und auf erste Erfahrungen aus dem praktischen Alltagseinsatz beruhten. Dazu gehörten zum Beispiel die Übernahme von verstärkten Schraubenfedern in die

Der in der Leistung leicht angehobene U 70 war von außen nur an einigen wenigen Detailveränderungen zu erkennen. Dazu gehörten beispielsweise die neuen runden Belüftungsöffnungen unterhalb der Blinker. Daimler Truck AG

Obwohl es sich hier noch um einen U 65 handelt, ist das Bild wegen des extrem seltenen Kippaufbaus interessant: Dabei handelt es sich um eine massiv ausgeführte Gesteinsmulde zum Transport von kleineren bis mittleren Felsstücken. Daimler Truck AG

Der im U 70 zum Einsatz kommende Motor zeichnete sich durch eine besonders harmonische Leistungsentfaltung aus. Das kam auch den über die Zapfwellen angetriebenen Anbaugeräten, wie dieser Vorbaukehrmaschine, zugute. Daimler Truck AG

Ein U 70 aus der Vorserie wird in der Kältekammer auf seine Wintertauglichkeit getestet. Umfangreiche Erprobungen vor der Serieneinführung garantierten den Käufern eines Unimog bestmögliche Produktqualität. Daimler Truck AG

Serienausstattung. Zuvor waren diese nur gegen Aufpreis als Sonderausstattung zu haben gewesen. Ebenfalls modifiziert wurde der Batteriekasten samt Deckel, um eine leichtere Handhabbarkeit zu ermöglichen. Darüber hinaus ging man zur Verwendung von Anhängerkupplungen des renommierten Spezialisten Rockinger über. Bis zum Jahresende 1964 waren keine tiefgreifenderen Modifikationen an wichtigen Funktionsbauteilen in der Basisausführung des U 65 vonnöten – alles funktionierte so, wie es sollte. Insgesamt verließen in diesem Jahr 2044 Exemplare die Fertigungsstätte in Gaggenau. 1965 sah das ganz ähnlich aus: Neben Details wie der neuen Verankerung der Fahrerhaus-Trittstufe am belastbareren Rahmen, leicht retuschierte Vorderkotflügel oder neue Rückleuchten gab es in puncto Mechanik nur wenige bedeutendere Modifikationen zu vermelden. Dazu zählten aber beispielsweise eine veränderte Lenkung und verstärkte Kupplungskomponenten. Bis zum Mai 1966, als dem OM 352 nach 5735 gebauten U 65 eine erste Leistungsspritze verpasst wurde, kam es zu keinen weiteren nennenswerten Veränderungen an der Grundausführung des 406ers.

Verschiebung der Gewichte

Welche immense Bedeutung die Einführung der Baureihe 406 für den weiteren Markterfolg des Unimog hatte, illustriert die Entwicklung der Verkaufszahlen. Im Frühjahr 1966, als der 406er eine erste Leistungsspritze erhielt, befand sich das kleinere und nur halb so leistungsstarke Vorgängermodell der Baureihe 411, inzwischen als Version 411c, immer noch in Produktion. Zwar gab es noch genug Interessenten und Käufer für diese in mancherlei Hinsicht überholten Modelle, um sie rationell herstellen zu können, aber die Absatzzahlen marschierten unverkennbar in den Keller. Hatten sich 1961 mangels anderer Alternativen im Unimog-Programm noch über 4800 Käufer von den Talenten des 411ers überzeugen lassen, so begann ab dem Folgejahr, mit der Premiere der Baureihe 406 auf der DLG-Ausstellung in München, die Erosion seiner Absatzzahlen. Bis zur Markteinführung des neuen U 65 entschieden sich rund 20 % weniger Kunden für den Kauf eines 411c. Da es nun ein stärkeres Modell gab, das nicht nur neue Einsatzmöglichkeiten bot, sondern auch neue Kundenkreise ansprach, schrumpften bis zum Auslaufen des U 65 die Verkaufszahlen des 411c auf ein Viertel des Niveaus von 1961: Nur knapp 1200 Einheiten wurden 1966 noch ausgeliefert. Parallel dazu konnten vom – deutlich teureren – U 65 in den Jahren 1964 bis 1966 jährlich um die 2000 Exemplare ausgeliefert werden.

U 70 – die erste Kraftkur

Dass der 406er nicht einmal zwei Jahre nach dem Übergang zum großvolumigen OM 352 als Antriebsaggregat eine erste umfassendere Modellpflege bekam, verdeutlicht, wie aktuell vor allem das Thema Leistungszuwachs – insbesondere bei den Kaufinteressenten aus den kommunalen, gewerblichen und industriellen Bereichen – nach wie vor war. Angesichts der konstruktiven Reserven, die der OM 352 bot, fiel die Anhebung der Höchstleistung um gerade einmal 5 PS/3,6 kW auf 70 PS/52 kW sehr überschaubar aus. In vielen mittelschweren Modellen des Mercedes-Benz Lkw-Programms hatte sich das 5,7-Liter-Sechszylinder-Triebwerk schon jahrelang mit höheren Leistungsdaten bestens bewährt. Beispiele waren die erfolgreichen Kurzhauber- und Frontlenker-Baureihen, in deren Fahrzeugen diese Ag-

Im Lauf des Sommers 1966 wurde die Motorhaube des U 70 kippbar gestaltet. Unauffällig versteckte man das Loch, in den man einen Vierkantschlüssel stecken und drehen musste, um die Haube zu entriegeln, im »O« des »UNIMOG«. **Daimler Truck AG**

gregate seit Anfang 1964 mit zunächst 100 PS/74 kW und bald auch mit 110 PS/81 kW oder gar 126 PS/93 kW zum Einsatz kamen. Ab 1966, dem Jahr der zaghaften Leistungsanpassung im Unimog 406, stand obendrein eine erste zwangsbeatmete Version dieses Triebwerks bereit: Als OM 352 A leistete der Sechszylinder, unterstützt von einem Abgasturbolader, satte 150 PS/110 kW – mehr als doppelt so viel wie im neuen Unimog U 70.

Besondere Motorcharakteristik

Unter diesen Umständen war die Erzielung von 5 Mehr-PS bzw. 3,6 Mehr-kW für die Entwickler in technischer Hinsicht nicht mehr als eine Kleinigkeit. Gleichwohl mussten dabei einige Dinge bedacht werden: Während es im Lastwagenbereich bei der Triebwerkscharakteristik fast ausschließlich um die Sicherstellung eines jederzeit souveränen Zugvermögens ging, wurde an die Motorisierung eines Unimog wegen dessen vielfältigen Anwendungsmöglichkeiten und des Vorhandenseins von Nebenabtrieben besondere Anforderungen gestellt. Hier bestand vor allem die Notwendigkeit, eine absolut harmonische und gleichmäßige Leistungsentfaltung im Niedrigdrehzahlbereich zu gewährleisten. Der OM 352 war auch im Lastwagen beileibe keine Maschine, die höhere Drehzahlen benötigte, um Leistung zu bringen, aber die Nenndrehzahl lag bei sämtlichen Motorversionen mit dreistelligen PS-Leistungen bei 2800/min.

Offene Fahrerhäuser, wie man sie vor allem in der Landwirtschaft schätzte, waren bei den leistungsstärkeren Fahrzeugen der Baureihe 406 auf dem Rückzug – ein Indiz dafür, dass diese Modelle vermehrt von anderen Kundenkreisen geordert wurden. Daimler Truck AG

Dagegen betrug sie beim Unimog U 70 ebenso extrem niedrige 2550/min wie beim U 65. Gleiches galt für den Drehmomentbestwert. Hier legte der nun auf 70 PS/ 52 kW leistungsgesteigerte OM 352 deutlich und überproportional zu: Statt der 205 Nm des Vorgängers stemmte das Triebwerk des U 70 satte 235 Nm auf die Kurbelwelle, jeweils aber bei unveränderten 1600/ min. Mit Blick auf den Kundennutzen war der erstmals erstarkte Unimog 406 damit noch ein gutes Stück ausgewogener motorisiert. Erreicht werden konnte diese Leistungscharakteristik letztlich durch einen Eingriff in den Verbrennungsablauf des Triebwerks: Eine leichte Anpassung der Einspritzmenge reichte bereits aus, um das gewünschte Resultat zu erzielen.

Die »Doka« kommt

Zusammen mit der Einführung des U 70 vollzogen sich noch weitere Veränderungen an den Fahrzeugen der Baureihe 406. Zunächst wurde, wie schon zum Marktstart des U 65 angekündigt, eine Version mit Doppelkabine verfügbar. Das extern bei der Fa. Wackenhut, einem langjährigen Mercedes-Benz Partner, gefertigte viertürige Fahrerhaus bot bis zu fünf Sitzplätze bei gleichzeitiger Verkürzung der Pritschenlänge. Für 406er-Interessenten erwies sich dieses Angebot jedoch als nicht sehr verlockend. Vermutlich wegen der doch stark reduzierten Ladekapazität der Pritsche wurde nur eine zweistellige Zahl von Fahrzeugen an den üblichen kommunalen, gewerblichen oder industriellen Kundenkreis verkauft. So wurden Flughafenbetreiber zu den größten

Ausführung und Dimension der Doppelkabine waren bei 406er und 416 identisch. Bei Ersterem verblieb wegen seines kürzeren Radstands nur eine Minipritsche.

Fotos: Ralf Weinreich

Einzelabnehmern von »Doka«-406ern. Insgesamt orderten diese über 300 Exemplare und setzten sie sowohl als Flugzeugschlepper wie als Servicefahrzeug für kleine Arbeitstrupps ein.

Mehr Reparaturfreundlichkeit

Ein wesentlich bedeutenderer Schritt in Richtung Zukunft war aber die nun im Unimog U 70 erstmals vorhandene Möglichkeit, die Kabine, wie bei echten Frontlenker-Lkw bereits üblich, fast komplett nach vorne zu kippen. Der Drehpunkt befand sich dabei in etwa auf Höhe der vorderen Stoßstange, wobei das Fahrerhaus bis ungefähr zum Kipppunkt nach oben gehievt wurde. Ein solches Manöver war keineswegs zur Ausführung kleinerer Wartungsarbeiten gedacht, sondern kam nur in Frage, wenn beispielsweise Triebstrangkomponenten, an die von außen nur sehr schwer heranzukommen war, repariert oder ausgetauscht werden mussten. Zunächst

Kurz nach Einführung des U 80 wurde die Frontscheibe der mit offenem Fahrerhaus versehenen Modelle vergrößert und wieder klappbar ausgeführt. Die Scheibe musste deshalb auch wieder plan sein, wobei die Scheibenwischer aber weiterhin unten angelenkt blieben. Daimler Truck AG

Die zuvor im modernen Stil gebogene Frontscheibe war insbesondere bei Unimog-Kunden aus der Landwirtschaft nicht sehr populär. Man war an die bessere Übersichtlichkeit gewöhnt, die eine umklappbare Scheibe bot - Traktoren mit erhöhtem und mittig angeordneten Fahrersitz hatten hier unbestreitbare Vorteile. Daimler Truck AG

Ein 406er und sein 1966 eingeführter kleinerer Bruder der Baureihe 421 (im Vordergrund). Für das offene Fahrerhaus des U 80 wurde auch die Gestaltung der Türen mit zwei stabilisierenden Längssicken oben und unten vom schwächeren Modell übernommen. Daimler Truck AG

mussten nämlich eine Reihe von Verbindungselementen, wie etwa Schläuche u. a. gelöst werden, bevor ein Kippen der Kabine überhaupt erst möglich wurde. Auch das Nach-oben-Stemmen des Fahrerhauses an sich war nichts, was sich mal so eben manuell hätte bewerkstelligen lassen. Vielleicht hätten zwei gestandene Männer es gerade noch geschafft, die offene Kabine aufzukippen, aber beim schwereren Ganzstahlfahrerhaus ging nichts ohne die Unterstützung zum Beispiel eines von oben herabhängenden Flaschenzugs, dessen Haken am hinteren unteren Rand der Kabine mittig eingehängt wurde, um diese dann vorsichtig nach oben ziehen zu können. Auf der Habenseite der Kippkabine stand fraglos die hervorragende Erreichbarkeit aller unterhalb des Fahrerhauses verborgenen Technikkomponenten und damit eine Reduzierung des Aufwands bei umfangreicheren Instandsetzungsarbeiten. Unter anderem bei der ebenfalls im Jahr 1966 auf den Markt gekommenen, deutlich unterhalb des 406ers positionierten Baureihe U 421 gehörte das kippbare Fahrerhaus ebenfalls zur serienmäßigen technischen Ausrüstung.

Unmittelbar zum Jahresbeginn 1970 wurden für die geschlossenen Versionen des 406ers zwei zusätzliche, seitlich leicht herumgezogene Heckfenster in die Ganzstahlkabine eingebaut. Damit verbesserte sich die Rundumsicht deutlich. Daimler Truck AG

Die Vorbauseilwinde an diesem 406er war werkseitig ebenso auf Wunsch als Sonderausstattung verfügbar wie die Hydraulikanlage und der Heckkraftheber, der hier einen Bodenkultivator trägt. Daimler Truck AG

An diesem hervorragend restaurierten U 84 sind die neuen, weiter nach vorn gerückten, eckigen Blinker zu sehen, die mit der Einführung des Modells ab März 1971 zum Einbau kamen.↑
Reise Reise, CC BY-SA 4.0, via Wikimedia Commons

Natürlich war der auffällige Ansaugschnorchel links am Frontscheibenrahmen ein aufpreispflichtiges Extra. Bei diesem U 80 ist er mit einer Regenklappe versehen – ein Arrangement, das mit 43,- Mark zusätzlich berechnet wurde.↓ Daimler Truck AG

Ein vielgeordertes – und natürlich aufpreispflichtiges – Extra nicht nur am Unimog 406 waren die jeweils neben der A-Säule angebrachten Zusatzscheinwerfer. Das abgebildete Fahrzeug zeigt an der Front auch die optionalen Anbaubeschläge für Zusatzgeräte. Daimler Truck AG

Noch größere Robustheit

Über den verstärkten Motor, die Doppelkabine und die Kippvorrichtung für das Fahrerhaus hinaus, markierte die Einführung des U 70 die Realisierung zahlreicher weiterer Modellpflegemaßnahmen am Basismodell. Dazu gehörte zum Beispiel die angesichts des erhöhten Leistungsvolumens für erforderlich gehaltene, noch robustere Auslegung der Portalachsen, hier in einem ersten Schritt vor allem der Radvorgelege. Im weiteren Verlauf und parallel zu weiteren Leistungssteigerungen wurden auch die Achsrohre und das Mittelstück der Achse verstärkt. Ebenfalls verändert wurde die Unterbringung des Bremskraftverstärkers. Zuvor war er direkt am Rahmen montiert und befand sich dort etwa bei Geländeeinsätzen an potenziell gefährdeter Stelle. Nun wurde er in den geschützten Raum des Fahrerhauses verlegt. Weitere Modifikationen waren unter anderem ein neuer Hauptbremszylinder, die Einführung einer neuen Lichtmaschine sowie eines Kühlwasser-Thermometers mit elektrischem Fühler.

Weitere Feinarbeit

Außen an der Kabine wurden die kleinen funktionalen Lüftungsgitter, die jeweils an der Außenseite der beiden Frontscheinwerfer innerhalb des gerippten Kotflügelprofils vorhanden waren, verschlossen. Die Lüftung erfolgte nun über kleine runde, schuppenartig abgedeckte Öffnungen, die sich in unmittelbarer Nähe zu den rundlichen Blinkergehäusen befanden. Ebenfalls neu war eine klappbare Motorhaube, die mithilfe eines Vierkantschlüssels geöffnet werden konnte und nicht mehr, wie zuvor, komplett abgenommen werden musste. Der Schlüssel musste nun in eine kleine Öffnung gesteckt werden, die sich – für Kenner gut sichtbar – im Zentrum jenes »O« befand, das Teil des »UNIMOG«-Schriftzugs auf der Motorhaube war. Im Inneren des

Der Klassiker: Ein U 65 mit Schneefräse der Fa. Schmidt aus St. Blasien im Schwarzwald. Für den Kommunaleinsatz wurde nur noch selten das offene Fahrerhaus geordert. Daimler Truck AG

Das frühe und deutlich schwerere Militärmodell sollte zu einer Art Vorbild für den späteren Unimog 416 werden. Foto: Ralf Weinreich

Von den wenigen zivil genutzten Unimog S wurden manche zu Expeditionsfahrzeugen umgebaut. Einige der eigentlich für militärische Verwendung gedachten Extras konnten hier hilfreich sein: zum Beispiel die zusätzlichen Reservekanisterhalter, links neben den Tanks zu erkennen.
Daimler Truck AG

Fahrerhauses wurden ebenfalls einige Verbesserungen vorgenommen. Zunächst gab es zum Zeitpunkt des Marktstarts des U 70 neu arrangierte Schalter an der Armaturentafel. Etwa ein Dreivierteljahr später, Anfang 1967, wurden dann auch die Sitze in puncto Komfort und Seitenhalt noch einmal optimiert. Wesentliche Neuerung des Jahres 1967 war im Übrigen der Einsatz neuerlich verstärkter Portalachsen. Ansonsten gab es nur noch Detailmodifikationen.

Das sah 1968 wieder ganz anders aus: In diesem Jahr gab es eine Mischung aus tiefgreifenderen und kleineren Veränderungen. Es begann in den ersten Wochen des Jahres mit der Serieneinführung eines wesentlich stabileren Gestänges zur Außenspiegelhalterung. Es sollte nicht nur dem harten täglichen Arbeitseinsatz besser widerstehen, sondern reduzierte auch die in die Spiegel übertragenen Vibrationen. Weitere Verbesserungen im Hinblick auf noch größere Belastbarkeit betrafen die Auslegung des Heckkrafthebers und der Zapfwellen. Auch die Montage der hintersten Quertraverse des Leiterrahmens wurde verändert: Sie wurde, um maximale Torsionsfähigkeit herzustellen, mit den beiden Längsträgern verschraubt. Ebenfalls wurde der Druckregler für die an Bord befindliche Pneumatikanlage im Sinn größtmöglicher Robustheit optimiert.

Forstausführung als Wunschpaket

Im Lauf des Sommers kam es für Unimog-Interessenten aus der Fortwirtschaft zu einer interessanten Erweiterung des Modellangebots. Der U 70 konnte nun auch in einer speziell konfigurierten Forstversion geordert werden. Im Mittelpunkt der Ausrüstung standen Schutzmaßnahmen für potenziell gefährdete Bauteile. So wurden zum Beispiel unterhalb der Wagenfront, an den beiden

Dieser frühe U 65 präsentiert sich mit einer nachträglich installierten Forstausstattung der Fa. Glogger. Ab Herbst 1968 bot man für den U 70 ein ähnliches, aber wesentlich höher spezifiziertes Ausstattungspaket auch werkseitig an. **Daimler Truck AG**

Das speziell für den Unimog konstruierte Getriebe vom Typ UG 2/27 begrenzte wegen seiner konstruktiven Auslegung die potenziell vorhandenen Möglichkeiten zur deutlichen Leistungssteigerung bei den Modellen der Baureihe 406. Daimler Truck AG

Achsen, unterhalb des Getriebes sowie an Scheinwerfern und Blinkern jeweils Schutzschilde oder -gitter angebracht. Dazu kamen noch ein veränderter Tank, eine nach oben verlegte Auspuffanlage sowie ein Überrollbügel an der Fahrerkabine, in den vor der Ladepritsche ein Schutzgitter integriert war. Serienmäßig waren darüber hinaus zwei Seilwinden und ein Rückeaggregat am Heck angebaut.

Power bleibt gefragt

Ein gutes halbes Jahr später, im Januar 1969, erhörte man in Gaggenau auch die nicht verstummen wollenden Rufe nach weiterer Leistungssteigerung. Als Nachfolger des U 70, von dem seit Frühjahr 1966 über 4200 Einheiten ausgeliefert worden waren und dessen Verkaufszahlen inzwischen leicht zurückgingen, trat der U 80 auf den Plan, der mit einem um zusätzliche 10 PS/7,4 kW auf nun 80 PS/59 kW leistungsgesteigerten OM 352 aufwartete und die Baureihe 406 weiter auf der Höhe der Zeit halten sollte. Dabei war es den Ingenieuren gelungen, die grundsätzliche Leistungscharakteristik des 5,7-Liter-Sechszylinder-Dieseltriebwerks nicht nur beizubehalten, sondern da, wo es für zahlreiche Anwender besonders wichtig war, noch einmal zu optimieren: Während die Nenndrehzahl des Motors unverändert bei 2550/min lag, wurde das verfügbare Drehmomentmaximum, das wiederum bei 1600/min anlag, neuerlich erhöht. Im U 80 betrug es nun 255 Nm statt zuvor 235 Nm – ein weiteres, von den Kunden gern angenommenes Mehr an Zugkraft.

Getriebe als limitierender Faktor

Dass die Entwicklungsmannschaft des Unimog das Leistungspotenzial des an sich viel leistungsfähigeren OM 352 nur in kleinen Schritten anhob, hatte vermutlich mehrere Gründe. Zum einen den, dass man mit Blick auf die vielfältigen Einsatzmöglichkeiten des Unimog 406 die besondere Leistungscharakteristik des Aggregats unbedingt beibehalten und der Versuchung widerste-

Für Einsätze als Zugfahrzeug war die mit dem U 80 verwirklichte Leistungssteigerung hochwillkommen. Foto. Ralf Weinreich

hen wollte, mehr Leistung und Drehmoment über – wie üblich – ein erhöhtes Drehzahlniveau zu generieren. Ein zweiter, mindestens ebenso wichtiger Grund dürfte aber gewesen sein, dass das in die Fahrzeuge der Baureihe 406 eingebaute Getriebe vom Typ UG 2/27 mechanisch auf ein verarbeitbares Drehmomentmaximum von 265 Nm ausgelegt war. Wenn der OM 352 im sonstigen Lastwagen-Programm von Mercedes-Benz auch mit deutlich über 100 PS/74 kW klaglos seinen Dienst verrichtete, so geschah das ausschließlich in Verbindung mit Kraftübertragungen, die auf dieses Leistungspotenzial abgestimmt waren. Aber wegen der deutlich komplexeren Aufgaben, die ein Unimog-Getriebe im Vergleich zu einem im relativ simplen Lastkraftverkehr eingesetzten Lkw-Getriebe zu übernehmen hatte, beispielsweise in puncto Nebenabtriebe, bestand keinerlei Möglichkeit, im Unimog einfach eine konstruktiv stärker ausgelegte Schaltbox aus dem bekannten Komponentenfundus des Lastwagenbereichs einzubauen – erst hätte ein neues, speziell für den Unimog konzipiertes Getriebe entwickelt werden müssen. Das war aufwendig, teuer und deshalb in letzter Konsequenz eine Frage der Rentabilität. So musste man sich von Kundenseite vorerst damit

In der Draufsicht sind die beiden alternativ lieferbaren Pritschen zu erkennen. Die längere war Ausstattungsstandard, die kürzere gab es gegen Minderpreis. Extra zu berappen war dagegen die aufstellbare Lüftungsklappe im Kabinendach, die beide Fahrzeuge aufweisen.
Daimler Truck AG

Zur Erhöhung der Sicherheit im Fall eines Überschlags wurde ebenfalls ab Anfang 1970 der Einbau eines Überrollbügels in die offenen Versionen des 406ers verpflichtend. Gut zu erkennen sind hier auch die neuen Türen. Daimler Truck AG

begnügen, den PS- bzw. kW-Zuwachs in kleinen Häppchen verabreicht zu bekommen. Mit dem Sprung vom U 70 zum U 80 näherten sich die Gaggenauer allerdings fast schon bedrohlich der Belastungsgrenze des bislang verwendeten UG 2/27-Getriebes.

Mehr Schaltstufen in Serie

Neu war bei der Kraftübertragung, dass der 80 PS/59 kW starke 406er standardmäßig mit dem sogenannten »G-Getriebe« ausgestattet war, das auf Wunsch auch mit einem Vorschaltgetriebe versehen werden konnte. Bei diesem handelte es sich um ein zusätzliches Untersetzungsgetriebe, das die Anzahl der zur Verfügung stehenden Gangstufen verdoppelte. So konnte der Fahrer, je nach Erfordernis, aus 2 × 6 Vorwärts- und 2 × 2 Rückwärtsgängen die am besten geeignete Gangstufe auswählen. Wer den U 80 für noch speziellere Einsatzprofile vorgesehen hatte, konnte gegen Aufpreis auch ein zusätzliches Kriechganggetriebe ordern. Dieses fügte den Gängen 1 und 2 der beiden Schaltgruppen noch jeweils zwei unterschiedlich kurz übersetzte Kriechgänge hinzu. Es bedurfte unter diesen Umständen schon einiger Erfahrung im Umgang mit dem Fahrzeug und seinen diversen Schalthebeln, um in die für den Einsatzzweck jeweils perfekt geeignete Gangstufe zu schalten.

Neben dem leistungsgesteigerten Motor, dessen Baumusterbezeichnung nun in 353.902 abgeändert worden war, und dem serienmäßig eingebauten G-Getriebe, komplettierte die Portalachse der F-Serie die für den U 80 überarbeiteten Hauptbaugruppen des Antriebsstrangs. Die F-Achsen unterschieden sich von ihren Vorgängern durch eine noch strapazierfähigere Auslegung ihrer wesentlichen Bestandteile, so dass sie der durch den stärkeren Motor verursachten höheren Belastung problemlos standhielten.

Die Klappscheibe kehrt zurück

Für 1969 blieb es aber nicht nur bei den genannten technischen Modifikationen. Bereits wenige Monate nach dem Serienstart des U 80 im Januar wurden Veränderungen am Fahrerhaus vorgenommen. Zunächst erhielt die offene Kabine wieder eine umklappbare Frontscheibe. Vor allem Kunden aus der Landwirtschaft, die ohnehin offene Fahrerhäuser bevorzugten, hatten dies schon seit Jahren gefordert, um bei der Feldarbeit bestmögliche Sichtverhältnisse nach vorne und zur Seite zu bekommen, wie sie bei den Fahrzeugen der Baureihe 411 noch üblich gewesen waren. Voraussetzung für eine klappbare Scheibe war aber natürlich, dass diese nicht mehr gebogen, wie bei den bisherigen 406ern, sondern plan ausgeführt war. Die Unimog-Entwickler entschieden sich also dafür, eine gerade, aber einteilige Scheibe einzuführen, die sie zugleich nach oben hin sichtbar vergrößerten. Um den inzwischen modernisierten Scheibenwischerantrieb beibehalten zu können, verblieb die Anlenkung der beiden Wischerarme aber unten am Windlauf.

Verstärkte Türen

Durch die Vergrößerung der Frontscheibe wurde auch ein neues Arrangement der Türen erforderlich. Hier kam nun der seit März 1966 parallel zu den Baureihen 411 und 406 produzierte Unimog 421 ins Spiel. Die inzwischen als U 40 und U 45 erhältlichen Fahrzeuge der neuen Baureihe schlossen zum Teil die zwischen 411ern und 406ern klaffende Leistungslücke und zeigten sich in mancher Hinsicht, unter anderem beim Fahrerhaus, weiter modernisiert. So kam es beim U 80 mit offener Kabine und neuer klappbarer Frontscheibe zur Übernahme der Türen aus dem 421er samt der dort ebenfalls vergrößerten einsteckbaren seitlichen Schiebefenster. Bei genauerer Betrachtung war jedoch zu erkennen, dass die Türen wegen der größeren Steckscheiben etwas flacher ausgefallen waren und sich durch zwei Blechsicken unterschieden – eine wenige Zentimeter unterhalb des Türschachts, die andere knapp oberhalb des Kotflügels verlaufend. Neben besserer Sicht bei geschlossenem Dach boten die neuen Türen durch diese beiden Sicken auch größere Stabilität.

Mehr passive Sicherheit

Auch zum Jahresbeginn 1970 stand zunächst die Kabine des U 80 im Blickpunkt der Entwickler. Im Rahmen der Modellpflege wurde das Ganzstahlfahrerhaus mit zwei zusätzlichen seitlichen Heckfenstern ausgestattet. In Kombination mit der bisher eher schmal ausgeführten mittigen Heckscheibe ergab sich nun eine perfekte Rundumsicht, vorausgesetzt, hinter der Kabine war nur eine – im Idealfall unbeladene – Pritsche vorhanden. Da die beiden zusätzlichen Fahrerhausfenster die bisher rechts und links vorhandenen toten Winkel nach schräg hinten beseitigten, ergab sich ein deutlicher Zuwachs an passiver Fahrsicherheit. Dies galt in noch stärkerem Maß für den parallel dazu bei den offenen Kabinen eingeführten Überrollbügel. Dessen serienmäßiger Einbau ging auf Forderungen der um die stetige Steigerung der Arbeitssicherheit bemühten Berufsgenossenschaft zurück und war deshalb mittlerweile obligatorisch geworden. Im Fall eines Überschlags, wie er vor allem bei extremem Geländeeinsatz oder bei Fahrten auf Anbauflächen in Hanglage nicht völlig auszuschließen war, sollte der Bügel, der jeweils an den Außenseiten der Sitze im Kabinenboden verankert war, einen Überlebensraum für die Passagiere schaffen. Der bisherige Frontscheibenrahmen mit gebogener Scheibe war zwar wesentlich stabiler als die wieder neu eingeführte Klappscheibe, aber eine echte Schutzfunktion hatte keine der beiden Ausführungen bieten können.

Veränderungen vollzogen sich 1970 auch in puncto Lenkung. Hier wurde im Frühsommer eine Neukonstruktion in die Serie übernommen: eine sogenannte »Kugelmutterlenkung«. Diese war, wie schon ihre Vorgängerin, natürlich mit einer hydraulischen Lenkhilfe ausgestattet, wobei für bestimmte Kundenanforderungen auch wieder eine Lenkung ohne Servounterstützung geordert werden konnte. Modifikationen erfuhr auch die Serien-Bremsanlage, die einen leistungsfähigeren Hauptbremszylinder sowie optimierte Radbremszylinder an den Trommelbremsen bekam.

Neuerliche Leistungsspritze

Die nächste Evolutionsstufe innerhalb der Baureihe 406 wurde im Frühjahr 1971 gezündet. Aus dem U 80 wurde der U 84, der sich mit seinen 4 Mehr-PS bzw. 3 Mehr-kW und einem Drehmomentbestwert von 260 Nm bei 1600/min noch einmal näher an die Belastungsgrenze des UG 2/27-Getriebes herantastete. Die kleine Leistungszulage wurde entlang der bisherigen Maxime verwirklicht: Keine Erhöhung der Nenndrehzahlen für Höchstleistung und Drehmomentmaximum. Gleichzeitig wurden im Rahmen der weiteren Modellpflege einige Detailmodifikationen vorgenommen. Dazu gehörten unter anderem größere, weiter vorn platzierte Frontblinker von nun rechteckiger Form, neue Rückleuchten, nochmals robustere Portalachsen und ein aus Stahl statt aus Holz gefertigter Pritschenboden.

Neue Verkaufsbezeichnungen

Nachdem im Folgejahr nur minimale Veränderungen am U 84 in die Serienfertigung übernommen worden waren, markierte 1973 das vorerst letzte Jahr mit tiefgreifenden technischen Aktualisierungen für die Fahrzeuge der Baureihe 406, deren Karriere sich allerdings trotz eines sich wesentlich verbreiternden Unimog-Modellprogramms noch anderthalb Dekaden lang fortsetzen sollte. Und nicht nur die Technik änderte sich, sondern es kam auch zur Einführung einer neuen Fahrzeugnomenklatur, die für mehr Logik und Einfachheit bei den Typenbezeichnungen innerhalb der Unimog-Palette sorgen sollte. So wurde aus dem U 84 der U 900 – statt der jeweiligen PS-Angabe, die bei der sich verbreiternden Modellpalette zu weiterer Unübersichtlichkeit bei den Verkaufsbezeichnungen zu führen drohte, wurden nun die Leistungsniveaus der angeboten Motorisierungsversionen ungefähr mit dem Faktor 10 multipliziert. Dies führte bis zum Beginn der 1970er-Jahre neben dem U 900 noch zu den Modellfamilien U 1100, U 800 und U 600.

Vorreiter bei Scheibenbremsen

In technischer Hinsicht wurde ab Sommer 1973 die bereits seit fast zwei Jahren auf Wunsch verfügbare Scheibenbremsanlage in Verbindung mit der Auslegung als

Im Rahmen der Einführung neuer Modellbezeichnungen wurde der U 84 Anfang der 1970er-Jahre zum U 900. Beim abgebildeten Exemplar handelt es sich um ein Fahrzeug aus der Spätphase des 406ers: Am Kühlergrill fehlt die bis dahin mittig angeordnete Chromleiste.

Alf van Beem, CC0, via Wikimedia Commons

Im letzten Quartal des Jahres 1971 wurde eine Scheibenbremsanlage in die Optionenliste des Unimog U 84 aufgenommen. Von außen war diese Ausstattung vor allem an den anders geformten Felgenschüsseln zu erkennen, die weiter nach außen gewölbt waren. Foto: Ralf Weinreich

Zweikreisbremse – Letztere nun vom Gesetzgeber auch obligatorisch vorgeschrieben – zur Serienausstattung gemacht. Damit erhöhten sich Bremsvermögen, Standfestigkeit und Dauerhaltbarkeit entscheidend. Erkennbar waren die Fahrzeuge mit der Scheibenbremsanlage an neuen Felgen: Der Innenteil der Felgenschüssel mit den Radbefestigungen lag nun nicht mehr vertieft, sondern war herausgezogen bis fast auf die Ebene des Felgenrands. Ein weiteres Identifikationsmerkmal war die Felgenfarbe, die sich bei dieser Gelegenheit von Rot zu Schwarz veränderte. Erst 1977 gab es mit dem Übergang zu einem pneumatisch betätigten Schaltmechanismus für die Bedienung des Allradantriebs eine letzte wesentliche technische Innovation, und zwei Jahre später war der Entfall der mittigen Chromleiste auf dem Kühlergrill die letzte optische Umgestaltung am 406er. Sonst sollte für die folgenden zehn Jahre bis zum unwiderruflichen Produktionsende der Baureihe quasi alles beim Alten bleiben.

Unimog nach Maß – pure Ausstattungsvielfalt

Ein zentraler Bestandteil der Unimog-Entwicklung war seit Übernahme aller Rechte an der Konstruktion und dem Fertigungsbeginn bei Daimler-Benz im Jahr 1951 der kontinuierliche Aufbau einer Liste auf Wunsch – und fast immer gegen Aufpreis – lieferbarer Sonderaus-

Schon die erste in Gaggenau gefertigte Unimog-Baureihe 2010 war in mehreren Grundausführungen zu bekommen. Das abgebildete Exemplar war standardmäßig wohl mit einer Anhänger-Bremsanlage ausgestattet. Daimler Truck AG

Eines der kostspieligsten Extras, die erstmals für die Fahrzeuge der Baureihe 401 verfügbar gemacht wurden, war das feste Fahrerhaus. Daimler Truck AG

stattungen. Vor allem im Pkw-, aber auch im Nutzfahrzeugbau bei Mercedes-Benz gehörte dies zunehmend zur üblichen Praxis. Ziel war es, dem Interessenten und potenziellen Käufer die Möglichkeit zu geben, das von ihm favorisierte Fahrzeug bestmöglich gemäß seinen Vorstellungen und Wünschen zuzuschneiden. Anfangs, das heißt in den frühen 1950er-Jahren, waren die Extralisten noch vergleichsweise kurz und hatten im Bereich privat genutzter Personenwagen noch nichts mit dem heute so verbreiteten Wunsch nach Individualisierung zu tun. Bei Nutzfahrzeugen ging es dagegen ausschließlich darum, das ins Auge gefasst Fahrzeug ausstattungsmäßig optimal auf das jeweilige gewerbliche Einsatzprofil abzustimmen, obwohl auch bei den Lkw und Transportern zunächst noch kaum von einer wirklich passgenauen Ausstattung die Rede sein konnte. Im Zweifelsfall musste ein Fahrzeug dieser Gattungen bereits in seiner Grundausführung vielseitigste Einsatzzwecke abdecken können.

Bescheidene Anfänge

Schon zu Beginn war das im Fall des Unimog anders. Er war explizit als »Universal-Motor-Gerät« konzipiert und damit prädestiniert dafür, bereits ab Werk mit Ausstattungsspezifikationen für unterschiedlichste Einsatzprofile geordert werden zu können. Bekanntlich stand dabei zunächst der Landwirtschaftsbereich im Mittelpunkt. Für die ersten, ab 1951 in Gaggenau gefertigten Unimog der Baureihe 2010 war die Auswahl bestellbarer Varianten freilich noch sehr überschaubar. Neben der Grundausführung gab es eine Version mit Druckluft-Anhängerbremsanlage, um Transportaufgaben auf der Straße sicher erledigen zu können. Weiterhin konnte der Unimog in einer Version mit Zapfwelle und Sonderabtrieb bestellt werden, damit von Fremdlieferanten angebotene Zusatz- und Anbaugeräte verwendet werden konnten. Daneben war noch eine sowohl mit Sonderabtrieb wie mit Anhängerbremsanlage versehene Version sowie eine weitere, die darüber hinaus über einen pneumatisch betätigten Front- und/oder Heckkraftheber verfügte. Ab 1953, mit dem Marktstart der Baureihen 401 und 402, waren dann auch das feste Fahrerhaus und eine als Sattelschlepper ausgelegte Version ab Werk erhältlich. Im Jahr darauf gab es dann auf Wunsch das um 40 Zentimeter verlängerte Fahrgestell.

Die Palette lieferbarer Sonderausstattungen wurde ständig breiter. Dieser Unimog 402 wies zum einen die Ganzstahlkabine auf und war zum anderen als Sattelschlepper spezifiziert, was stets mit einem verlängerten Radstand einherging. **Daimler Truck AG**

Dieser Unimog 411 ist für den Landwirtschaftseinsatz mit den gegen Aufpreis lieferbaren breiteren Reifen und den entsprechend verbreiterten Radlaufabdeckungen versehen. Daimler Truck AGDaimler Truck AG

Das Militär im Blick

Bei den deutlich größeren und stärkeren Fahrzeugen der im Wesentlichen für militärische Nutzung entwickelten Unimog-Baureihe 404, auch Unimog S genannt, die ab 1955 angeboten wurden, beschränkte sich die Auswahl von Sonderausstattungen zunächst auf die Fahrerhausvarianten offen oder geschlossen sowie auf die Ausrüstung mit einer Druckluftbremsanlage und verstärkte Reifen. Da die 404er, die als geländegängige Leicht-Lkw konzipiert waren, nur selten von Kunden aus dem zivilen Umfeld bestellt wurden, wanderten Merkmale wie eine Anhängerbremsanlage, Zapfwellen und Sonderabtrieb auf die Liste aufpreispflichtiger Extras. Über den rund 25-jährigen Produktionszeitraum der Baureihe reicherte sich das Angebot an Sonderausstattungen aber immer mehr an. Deren Charakter war jedoch überwiegend auf militärische Nutzung abgestimmt und machte im Zivilbereich allenfalls für Fahrzeuge mit Expeditionsausstattung Sinn – ein Einsatzbereich, für den der Unimog S schon zu seiner Zeit häufiger genutzt wurde. Dazu gehörten beispielsweise Elemente wie Halterungen für Reservekanister, der sogenannte »Ansaugkamin«, auch mit Zyklonfilter, zusätzliche Isolationsmaßnahmen gegen Schall- und Wärmeeinflüsse, ein besonders leistungsfähiges Kühlerfrostschutzmittel oder auch die wassergeschützte Drehstromlichtmaschine, eine Handleuchte und eine Zusatz-Benzinpumpe. Im Lauf der Zeit war der 404er auch in mehreren aufgelasteten Versionen zu haben.

Sprudelnde Einnahmequelle

Mit den ab 1956 auf den Markt gebrachten Modellen der Baureihe 411, die sozusagen den klassischen Entwicklungsstrang des Unimog fortführten, wuchs auch das Angebot an Sonderausstattungen kontinuierlich an. Beibehalten wurde im Wesentlichen das Grundangebot, bestehend aus der Basisausführung, einer Ausführung mit pneumatischer Anhängerbremse und einer mit zusätzlichem Front- und/oder Heckkraftheber. Die Luftdruckbetätigung wurde ab 1961 auf Hydraulik umgestellt. Ebenso gab es eine Sattelschlepper-Ausführung, die Wahl zwischen offener und geschlossener Kabine und den langen Radstand. Ergänzend dazu wurde schon für den U 25 eine ganze Reihe von Extras angeboten, die vor allem für den Einsatz in der Landwirtschaft hilfreich waren oder das Arbeiten mit dem Unimog erleichterten. Dazu gehörte an vorderer Stelle eine Auswahl an Rädern unterschiedlicher Breite, einschließlich jeweils passend verbreiterten Kotflügeln. Hier war sogar eine hintere Zwillingsbereifung lieferbar. Erstaunlich dagegen, dass selbst die komplett umklapp- und abnehmbare Frontscheibe samt Scheibenwischeranlage und Rückspiegel ebenso als Sonderausstattung ausgewiesen wurde wie die beiden Fahrerhaustüren. Das galt in gleicher Weise für das klappbare Faltverdeck samt Rückwand sowie die beiden seitlichen Steckscheiben. Dies alles wurde erst in der zweiten Hälfte der 1950er-Jahre in die Serienspezifikation der 411er übernommen. Auch die sogenannten Aufstiegsringe an den vorderen Felgen, die den Ein- und Ausstieg in die Kabine erleichterten, mussten zunächst mit 20 Mark extra bezahlt werden. Erst im 411c, der mit seinen 34 PS/25 kW bis 1974 im Programm blieb, gehörte übrigens eine Heizungs- und Belüftungsanlage zum Serienumfang der mit Ganzstahlfahrerhaus versehenen Exemplare.

Gute Grundausstattung

Der Produktionsstart der neuen Baureihe 406 im Jahr 1963 markierte dann den Beginn einer Entwicklung, die einerseits zu immer besser ausgestatteten, in manchen Punkten aber unterschiedlich konfigurierten Grundmodellen führte, und andererseits in eine Vervielfachung darüber hinaus lieferbarer Sonderausstattungen mündete, bei der potenzielle Unimog-Käufer kaum mehr den Überblick behielten und zunehmend auf spezielle Beratung durch fachlich versiertes Verkaufspersonal angewiesen waren. Angesichts der Leistungsfähigkeit schon des Premierenmodells U 65 und der damit erheblich breiter gewordenen Einsatzspektren sowie der mittler-

Mit hinter der Kabine platziertem Aufbaukran und seitlich ausfahrbaren Stabilisierungsstützen stellte der Unimog 406 auch im gewerblichen Einsatzbereich seine Multifunktionalität unter Beweis. **Daimler Truck AG**

weile verfügbaren Fülle an Zusatz- und Anbaugeräten für den Unimog war diese Entwicklung vorhersagbar gewesen. So präsentierten sich bereits die Basisausführungen von U 65 und U 70 hoch spezifiziert und umfassten zum Beispiel Merkmale wie pneumatisch zuschaltbare Differenzialsperren vorne und hinten, eine hydraulische Betriebsbremse mit pneumatischer Unterstützung samt integrierter Anhängerbremse, eine hydraulische Servolenkung, einen Drehzahlregler, einen Luftpresser und eine Armaturentafel mit den wichtigsten Anzeigeinstrumenten. Die Fahrzeuge mit offenem Fahrerhaus waren selbstverständlich serienmäßig mit einem wetterfesten Faltverdeck samt Rückwand, Türen und Steckfenstern ausgestattet. Die mit Ganzstahlkabine wiesen Kurbelfenster und Ausstellfenster auf. Alle Versionen verfügten nun obligatorisch über eine Heizungs- und Belüftungsanlage. Dieses Ausstattungslevel entsprach Mitte der 1960er-Jahre auch voll und ganz den Erwartungen der potenziellen Käuferkreise.

Höheres Spezialisierungsniveau

Parallel zur technischen Weiterentwicklung – insbesondere bei den Kraftübertragungen des Unimog – kam es im Lauf der Jahre zu immer mehr speziell auf die Kundenanforderungen abgestimmten Grundausführungen, die dann über die Sonderausstattungsliste noch weiter auf die jeweiligen Einsatzprofile hin zugeschnitten werden konnten. So war der bärenstarke U 84 als Topmodell der Baureihe 406 in der Basisausstattung mit nicht weniger als sechs unterschiedlichen Getriebeausführungen zu haben. Diese reichten vom normalen vollsynchronisierten Hauptgetriebe mit einfacher Kupplung und 6 Vorwärts- sowie 2 Rückwärtsgängen bis zur vielseitigsten Version mit Vorschaltgetriebe und 20 Vorwärts- sowie 8 Rückwärtsgängen, Doppelkupplung und einem entweder mit 540/min oder 1000/min schaltbaren Sonderabtrieb für den Einsatz der Front- und Heckzapfwelle. Letztere waren dann noch in verschiedenen Ausführungen gegen Aufpreis lieferbar.

Eine Spezialität des Unimog 406 war übrigens die bereits werkseitig konfigurierte Forstausstattung, wie sie etwa vor allem für die späteren Modelle des U 70 sowie für den U 80 und U 84 angeboten wurde. Neben umfangreicher Ausrüstung zum Schutz von Fahrer und Fahrzeug standen hier drei der erwähnten sechs Getriebeausführungen mit jeweils verschiedenen Bereifungsoptionen zur Wahl, und es gab eine Vorrüstung für den reibungslosen Anbau von Rückegeräten, die für die Waldbewirtschaftung unerlässlich waren. Zu diesem Paket gehörten unter anderem die Hydraulikanlage und ein zusätzlicher Luftpresser samt entsprechenden Anbaubeschlägen.

Immer ausgefeiltere Sonderausstattungslisten

Überhaupt war die Liste der lieferbaren Extras bis zur Einführung des U 84 bereits ellenlang geworden: Die Hydraulikanlage war darauf ebenso zu finden wie der von ihr betätigte Heckkraftheber und das Dreipunktgestänge zur Aufnahme von Anbaugeräten. Auch für eine leistungsfähigere Anhängerbremsanlage, eine Anhängerkupplung mit großem Maul, einen Zusatzluftpresser, einen Teleskopzylinder für die Kipppritsche und anfangs noch eine Zweikreisbremse mussten die Unimog-Käufer zum Teil tief in die Tasche greifen. Ebenfalls Aufpreis kosteten die Beschläge für Anbaugeräte, eine vordere Fahrgestell-Schutzplatte, verstärkte vordere Schraubenfedern, ein auf 120 Liter vergrößerter Kraftstofftank, ein Pritschenverdeck und ein Frontzusatzgewicht, das die Statik des Unimog bei bestimmten einsatzbedingten Veränderungen des Fahrzeugschwerpunkts sicherstellte. Im Bereich der elektrischen Anlage war unter anderem eine größere Batterie, eine besonders stabile und belastbare 24-Volt-Bordelektrik und eine leistungsstärkere Lichtmaschine verfügbar. Auch für ein Reserverad, das für den U 84 in vier unterschiedlichen Spezifikationen lieferbar war, und sogar dessen Halterung musste extra gezahlt werden.

Zum Besten der Anwender

Schließlich öffnete sich im Bereich des Fahrerhauses, egal ob in offener oder geschlossener Ausführung, ein weites Feld möglicher Sonderausstattungen hinsichtlich größerer Praktikabilität, mehr Sicherheit und höherem Komfort. Zur Wahl standen hier Umfänge wie eine als Schiebefenster ausgeführte Heckscheibe, eine Lüftungsklappe im Dach der Ganzstahlkabine, eine Frontscheibe aus Sicherheitsglas, die zusätzlich sogar heizbar zu haben war, Zusatzscheinwerfer, eine Scheibenwischeranlage mit zwei Geschwindigkeitsstufen oder – ganz fortschrittlich – Sicherheitsgurte für Fahrer und Beifahrer. Auch ein Fahrtenschreiber, der sieben Tage lang aufzeichnen konnte, was nicht nur den Interessen des gewerblichen Fahrzeugbetreibers, sondern auch den des jeweiligen Fahrers – etwa bei einem Unfall – entgegenkam, war spezifizierbar. Obwohl das Thema Komfort noch in den Anfängen steckte, setzte man hier ebenfalls bereits erste Akzente. So wurde auf der Liste für den U 84 verfügbarer Extras auch ein besonders rückenschonender, hydraulisch gedämpfter Fahrersitz des im nordrhein-westfälischen Lemgo ansässigen Zulieferers Isringhausen angeboten – die Firma ist unter dem Namen ISRI bis heute einer der führenden Sitzspezialisten im Segment Nutzfahrzeuge und Omnibusse. Ebenfalls aufpreispflichtig zu ordern war eine dieselbetriebene Standheizung, die bei kalter Witterung das Fahrerhaus wie auch das Kühlwasser vorheizte und auf diese Weise sowohl die Gesundheit des Unimog wie die seiner Kabinenbesatzung schonte.

Beim individuellen Zuschnitt eines Unimog Geld sparen konnte nur, wer sich als Käufer für die kürzere statt der Standardpritsche entschied, ganz auf eine solche verzichten konnte oder sogar den als Basis dienenden Hilfsrahmen nicht benötigte. In diesen Fällen zog Daimler-Benz einige hundert D-Mark von der Neufahrzeugrechnung ab.

Kapitel 4
Sonderausführungen für Spezialanwendungen

Aufgrund seiner konzeptionellen Auslegung stellte sich bereits in seiner Frühzeit heraus, dass der Unimog wie kein zweites vielseitig einsetzbares Nutzfahrzeug auch für ganz besondere Anwendungszwecke bestens geeignet war. Neben die zahllosen An- und Aufbaugeräte, mit denen er quasi von seinem Marktstart an ausgerüstet werden konnte, traten dann in der zweiten Hälfte der 1950er-Jahre auch zwei ebenso außergewöhnliche wie innovative Einsatzprofile hinzu, für die der Unimog geradezu maßgeschneidert war. Dabei kamen dem Allradfahrzeug, zumal in der neuen, leistungsstarken Baureihe 406, vor allem zwei charakteristische Merkmale zugute: das Vorhandensein eines zuschaltbaren Vorderradantriebs und – damit in Zusammenhang stehend – seine eindrucksvollen Zugleistungen. Mit beiden vereinnahmte das Gaggenauer Multitalent gewissermaßen zwei Anwendungsarten für sich, von denen eine bis heute seine unbestrittene Domäne geblieben ist.

Die werkseitig erhältlichen Triebkopfversionen waren ein Highlight im Unimog-Programm und entwickelten sich mit der Einführung der Baureihe 406 zu einem potenziell attraktiven Geschäftsfeld. Daimler Truck AG

Ohne Konkurrenz: der Unimog-Triebkopf

Zum Zeitpunkt der Markteinführung des Unimog 406 entfaltete sich für Gaggenau gerade das Geschäft mit den sogenannten Triebkopfversionen. Erste Versuche mit Triebköpfen waren bereits 1957 unternommen worden, als einige, ausschließlich in Nordrhein-Westfalen beheimatete Spezialhersteller wie die Firmen Ruthmann und Eylert, aber auch der Maschinenbauer WUMAG, darangingen, die Funktionalität des seit den frühen 1950ern in großer Zahl vor allem in der Lagerlogistik eingesetzten Niederflur-Hubwagens auf Straßen-Nutzfahrzeuge zu übertragen. Ziel war es, damit ein in sich geschlossenes, hocheffizientes Transportsystem zu schaffen, das den im Zeichen des »Wirtschaftswunders« rapide wachsenden Anforderungen des Güterumschlags Rechnung trug.

Neue Absatzpotenziale

Um die zugrundeliegende Konzeptidee einer heb-, senk- und wechselbaren Ladefläche, mit deren Hilfe sich vor allem im Nahbereichs-Verteilerverkehr die häufigen Be- und Entladevorgänge schneller und kostengünstiger gestalten ließen, zu realisieren, bedurfte es eines dazu geeigneten Fahrzeugs mit Frontantrieb. Da sich die Hubwagen-Ladefläche bis auf den Boden absenken lassen sollte, kamen heckgetriebene Fahrzeuge hier nicht in Frage, weil deren Triebstrang mit Kardanwelle und durchgehender Hinterachse im Weg war. Der allradgetriebene Unimog mit seinen spezifischen Qualitäten entwickelte sich deshalb schnell zum Basisfahrzeug der Wahl – Konkurrenten waren weit und breit nicht zu entdecken, weshalb man sich in Gaggenau dieser Spielart des Unimog, die auch schnell und kostengünstig herzustellen war, verstärkt zuwandte.

Schon von der Baureihe 411b war eine Triebkopf-Variante erhältlich. Spezialisten wie die Firma Eylert schufen unter Rückgriff auf diese technische Basis Niederflurhubwagen. Im Bild ein Exemplar, dessen anheb- und absenkbare Ladeplattform sich in Fahrstellung befindet. Daimler Truck AG

Ab Anfang 1965 wurden auch von der Baureihe 406, die wesentlich höhere Motorleistungen und größere Dimensionen aufwies, Triebköpfe ins Unimog-Lieferprogramm aufgenommen. Daimler Truck AG

Wie bequem sich Niederflurhubwagen an der Rampe be- und entladen ließen, illustriert dieses zeitgenössische Foto. Zugleich vermittelt es aber einen Eindruck davon, wie relativ klein die verfügbare Ladefläche war. Daimler Truck AG

Halbierter Unimog

Der Unimog-Triebkopf, der dann zur weiteren Komplettierung an die einschlägigen Spezialisten geliefert wurde, war nichts anderes als das vollständige Vorderteil des Fahrzeugs, bestehend aus Vorderachse, Rädern, Motor samt Getriebe und auf Frontantrieb beschränktem Verteilergetriebe, Nebenabtrieb sowie komplett ausstaffierter Kabine. Dazu kamen noch die Bremsanlage, die Elektrik samt Batterie und der Tank. Vereinfacht gesagt: Alles, was bei einem Unimog hinter dem Fahrerhaus kam, fiel weg. Um diese Art von Unimog-Torso überhaupt bewegen zu können, wenn er fertig montiert vom Band kam, wurden am knapp hinter dem Fahrerhaus endenden Rahmen zwei hölzerne Stützräder angebracht, mit deren Hilfe die auslieferbereiten Exemplare noch an den vorgesehenen Platz auf dem Firmengelände gefahren werden konnten.

Start mit dem 411er

Obwohl bereits zu Anfang der 1960er-Jahre erste Holzpaletten aufgekommen waren, die eine frühe Form von standardisiertem Stückguttransport darstellten, nahm der Bedarf an Hubwagen zeitweise nahezu boomartige Züge an. Also stand man in Gaggenau nicht an, ab November 1963 mit der Produktion von Triebköpfen auf Basis der Baureihe 411b und später c zu starten. Da diese Modelle noch sehr zierlich waren und die Anbauten der Spezialisten sich an den Grunddimensionen des jeweiligen Basisfahrzeugs orientieren mussten, um den Vorschriften der Zulassungsordnung Genüge zu tun, war die Transportkapazität vergleichsweise limitiert. Für sehr viele Anwendungen war sie aber völlig ausreichend, und auch das nicht gerade muskulöse Antriebsaggregat mit seinen zunächst 32 PS/24 kW, dann 34 PS/25 kW und schließlich 36 PS/26 kW schlug sich tapfer. Mit der Markteinführung der größeren und stärkeren Baureihe 406 ab April 1963 war aber angesichts des Erfolgs der 411er-Triebköpfe klar, dass nun demnächst leistungsfähigere Varianten zur Verfügung stehen würden.

Steigende Motorleistungen

Tatsächlich überließ die Unimog-Mannschaft in Gagge-

Auch unter voller Last konnte die Ladeplattform eines Niederflurhubwagens bis in eine Höhe von 1,50 Meter angehoben werden. Für eine Teilnahme am Straßenverkehr war aber die Wahl der Fahrstellung vorgeschrieben. Daimler Truck AG

Doppelkopf: Höchst interessant war die Art des Transportes der Triebköpfe zu den Aufbauherstellern. Hier gut zu erkennen: je nach Kundenwunsch und späterem Verwendungszweck waren sie werksseitig schon mit der entsprechenden Bereifung ausgestattet. Daimler Truck AG

nau das Geschäft mit den Triebköpfen mehr als anderthalb Jahre lang ausschließlich der Baureihe 411. Erst im Januar 1965 präsentierte man solche Varianten auch vom 406er. Zu diesem Zeitpunkt war der Übergang vom ursprünglichen Sechszylinder-Diesel OM 312 auf den noch einmal deutlich großvolumigeren OM 352 bereits seit einem halben Jahr vollzogen. Unter den Baumusterbezeichnungen 406.130 und 406.131 gab es dann sofort vier lieferbare Versionen: Erstere waren die Modelle mit offenem Fahrerhaus, Letztere die mit Ganzstahlkabine. Beide waren mit unterschiedlichen Motorleistungen zu haben – nach wie vor mit 65 PS/48 kW oder, zu diesem Zeitpunkt eine Premiere in der Baureihe 406, auch mit 70 PS/51 kW. Die entsprechenden Verkaufsbezeichnungen lauteten U 65 T (»T« stand für »Triebkopf«) und U 70 T. Diese kleine Kraftkur, die durch Modifikationen an der Diesel-Direkteinspritzung möglich geworden war, stand für die regulären Unimog-Modelle erst ab Mai

Der Schräghubwagen eignete sich mit seiner geneigten Ladeplattform ideal für den Transport von Fahrzeugen jeglicher Art. Daimler Truck AG

Wohl hauptsächlich zu Marketingzwecken ist dieser auffällige Wechsellader noch in Hamburg unterwegs. Foto: Ralf Weinreich

1966 zur Wahl. Sie war der erste Schritt auf dem Weg in ganz neue Leistungswelten, die mit dem OM 352 im Lauf der Zeit betreten wurden – ganz so, wie es die Unimog-Entwickler im Vorfeld vermutet und entsprechend gefordert hatten.

Mehr PS, mehr Käufer

Man fackelte nicht lange in Gaggenau und zündete bereits im August 1965 – wieder zuerst exklusiv für die Triebkopf-Variante – die nächste Leistungsstufe des 5,7-Liter-Sechszylinders. Mit dem Baumuster 406.133 ergänzte nun eine mit vollen 80 PS/59 kW aufwartende, ausschließlich mit offener Kabine erhältliche Ausführung als U 80 T die Angebotspalette. Diese geradezu Schlag auf Schlag erfolgende Steigerung der PS/kW-Ausbeute illustrierte, wie sehr und wie schnell die Anforderungen zumindest der Käufergruppen aus dem kommunalen, industriellen und gewerblichen Umfeld wuchsen. Unterstrichen wird diese Einschätzung durch die Verkaufsbilanz der Unimog-406-Triebköpfe im Zeitraum zwischen 1965 und 1968. In diesen Jahren lieferte das Unimog-Werk insgesamt etwa 550 Einheiten der Baumuster 406.130, 406.131 und 406.133 aus. Um die 70 % davon entfielen auf die leistungsstärkste Version U 80 T, und nicht einmal 40 Exemplare konnten von der schwächsten, dem U 65 T, abgesetzt werden.

Diffizile Marktbedingungen

Wie man an diesen Zahlen sieht, stellte sich der Markt für die Triebkopf-Varianten des Unimog zwar als absatztechnisch interessant, aber nicht als durchgehend stabil und lukrativ dar. Angesichts der sich durch Normpalette und, ab Mitte der 1960er-Jahre, vor allem die neuen Container weiterentwickelnden Transportlogistik blieben die Anwendungsmöglichkeiten von Triebköpfen in diesem Bereich vor allem auf den Verteilerverkehr im urbanen oder stadtnahen Einsatz beschränkt. Dazu kam die begrenzte Ladekapazität vor allem von Niederflur-Hubwagen. Dennoch platzierten öffentliche Unternehmen, zu deren zentralen Aufgaben unter anderem auch der Transport von eher kleinteiligem Stückgut gehörte, vor allem die Deutsche Bundesbahn und die damalige Deutsche Bundespost, immer wieder größere Aufträge zur Lieferung solcher Fahrzeuge. Für Gaggenau bedeutete dies einen nicht zu unterschätzenden Beitrag im Hinblick auf die weitere Beibehaltung der Triebkopf-Fertigung. Im Zeichen der ab den 1960er-Jahren sowohl qualitativ wie quantitativ stürmischen Entwicklung im allgemeinen Transportwesen wurden Triebkopf-Fahrzeuge aber immer stärker aus dem Zentrum in spezielle Einsatznischen abgedrängt, wo sie dank ihrer einzigartigen Funktionalität noch viele Jahre überlebten.

Bevor Normcontainer die Transportlogistik auf breiter Front revolutionierten, waren Niederflurhubwagen auf Unimog-Basis beachtliche Innovationsträger.
Daimler Truck AG

Verschiedene zur Verfügung stehende Transportbehälter machten die Kombination aus Unimog-Triebkopf und Niederflurhubwagen besonders vielseitig. In der Vor-Container-Zeit reichte das Angebot von Gitterboxen bis zu geschlossenen Transportbehältern. Daimler Truck AG

Offenbar in Eigenregie entstand dieses Kabeltransport und -verlegefahrzeug mit Unimog-Triebkopf. Foto: Ralf Weinreich

Am Tropf externer Akteure

Bei der Verfügbarmachung von Triebköpfen hing man natürlich in starkem Maß von den generellen Aktivitäten und der Kreativität der externen An- und Aufbauhersteller ab. Deren zum Teil sehr aufwendige und teure Konstruktionen mussten in genügend großen Stückzahlen abgesetzt werden können, um ihre Entwicklungskosten wieder einzuspielen. Hauptzielgruppe waren hier kommunale Beschaffungsstellen sowie industrielle und gewerbliche Abnehmer. Dabei bot der Unimog mit seinem Konzept die denkbar beste Ausgangsbasis. Am verbreitetsten war die Hubwagen-Ausführung, die in zwei technisch eng verwandten Varianten für unterschiedliche Einsatzzwecke angeboten wurde. Während beim Niederflurhubwagen die komplette Ladefläche horizontal vom Bodenniveau bis auf eine Höhe von ca. 1,50 Meter angehoben werden konnte, ließ sie sich beim Schräghubwagen nur zwischen den Hinterrädern vollständig absenken, sodass eine schräge Ladefläche mit einer Neigung von rund 6° entstand. Die erste Form

Charakteristisch waren bei den Fahrzeugen mit Unimog-Triebkopf die fast immer unterschiedlichen Räder an Vorder- und Hinterachse. Daimler Truck AG

war ideal, um auf bequemste Art und Weise ebenerdig Stückgut ein- und auszuladen. Die zweite wiederum eignete sich optimal für den Transport von Fahrzeugen aller Art, die mithilfe einer Seilwinde auf die Ladeplattform gezogen und dort verankert wurden.

Deutlich seltener anzutreffen waren andere, zum Teil sehr komplexe An- und Aufbauten, die auf den Unimog-Triebkopf zurückgriffen. Als eine Art Variante des Niederflurhubwagens hatte zum Beispiel die in Stolberg bei Aachen ansässige Firma LESA einen Absetzkipper-Anbau im Programm. Dieser funktionierte weitgehend auf die gleiche Weise wie die heutigen Absetzkipper und konnte verschiedenste Transportbehälter aufnehmen, von der Kippmulde für Schüttgut über Gitterboxen bis hin zu geschlossenen, kastenförmigen Behältern. Das hochflexible Konzept war in den 1960er-Jahren aber noch weit seiner Zeit voraus und verschwand relativ schnell wieder – wenn auch nur vorübergehend – in der Versenkung. Übrigens fertigte LESA für den Unimog unter anderem auch dreiachsige Spezialumbauten in 6x6-Ausführung an, die zumeist mit schwerer Kippmulde versehen waren. Darüber hinaus gab es noch weitere Beispiele für Aufbauten, die sich des Unimog-Triebkopfs bedienten. Noch einigermaßen häufig verkauft wurden etwa die

Auch die Idee des Absetzkippers nahm unter Verwendung eines Unimog-406-Triebkopfs schon gegen Mitte der 1960er-Jahre Gestalt an – zu früh, um sich auf breiter Front durchzusetzen.
Daimler Truck AG

Vereinzelt wurden noch bis etwa zur Jahrtausendwende Niederflurhubwagen mit einem Unimog-Triebkopf versehen. Bei diesem Exemplar von Ruthmann sorgte ein bärenstarker U 1400 der Baureihe 427.1 für zeitgemäßen Vortrieb. Daimler Truck AG

Die Spülung städtischer Kanalnetze gehörte auch zu den Aufgaben, die mit Unterstützung eines Unimog-Triebkopfs und eines speziellen Reinigungsaufbaus mit großem Vorratstank effizient erledigt werden konnten. Daimler Truck AG

Kehraufbauten der Hannoveraner Firma Schörling, die auf städtischem Gebiet zur Straßenreinigung eingesetzt wurden. Ebenfalls überwiegend im Kommunaleinsatz unterwegs waren Kanalreinigungsaufbauten der Firma Ries. Um Spülarbeiten am städtischen Kanalnetz vornehmen zu können, waren hier ein voluminöser Flüssigkeitstank sowie leistungsstarke Saug- und Druckpumpen hinter dem Triebkopf platziert. Ein ähnliches Grundkonzept wiesen die gewerblich eingesetzten Betonpumpenaufbauten auf, die der Spezialist Schwing herstellte.

Rückzug in die Nische

So praktisch und zweckdienlich diese Anwendungen auch waren: Nennenswerte Stückzahlen, die auch die Triebkopfproduktion in Gaggenau substanziell beflügelten, wurden nur von den klassischen Hubwagen gefertigt. Und auch deren Kernepoche währte wegen der limitierten Transportkapazität und des Aufkommens anderer Logistiksysteme nur gut anderthalb Jahrzehnte lang. Das unwiderrufliche Ende kam mit der Erfindung und Verbreitung der hydraulischen Hubladebühne. Deren andere, wesentlich unaufwendiger und vor allem preiswerter zu realisierende Technik entzog den Hubfahrzeugen ihre Existenzgrundlage. Dennoch verschwanden die Unimog-Triebköpfe erst um die Jahrtausendwende mit dem Auslaufen der schweren Baureihe 427 komplett aus dem Programm. Bis zu diesem Zeitpunkt wurden sie für einzelne Spezialanwendungen in

Für die Straßenreinigung rüstete zum Beispiel die Firma Schörling Triebköpfe mit einem Kehrmaschinenaufbau aus. Vor allem kleinere Kommunen mit relativ engen Ortskernen entschieden sich für diese Lösung.
Daimler Truck AG

Selbst eine schwere Betonpumpe überforderte den Hubwagen nicht.
Daimler Truck AG

Betonpumpenaufbauten blieben selten. Hier abgebildet ist ein 406er-Triebkopf in Kombination mit einem Aggregat des Betonmischerspezialisten Schwing. Daimler Truck AG

Schon zu Zeiten der Niederflurhubwagen wurden Absetzkipper realisiert. Daimler Truck AG

nur noch zweistelliger Stückzahl pro Jahr gefertigt.

Einzig die Firma Ruthmann, einer der Pioniere im Bau von Hubfahrzeugen, versuchte auch nach der Jahrtausendwende noch einmal mit hohem konstruktivem Aufwand, dem bekannten Konzept unter dem Namen »Cargoloader« neues Leben einzuhauchen. Man vergrößerte die Palette an Basisfahrzeugen, erweiterte damit unter anderem den Nutzlastbereich auf bis zu 21 Tonnen und schuf das zugehörige Kastenwagen-Transportsystem »Flexiloader«. Die Bemühungen blieben am Ende aber ohne große Resonanz. Aktuell werden Niederflurhubwagen nur noch für vereinzelte Spezialanwendungen eingesetzt, für die sie optimale Voraussetzungen bieten, zum Beispiel bei der Anlieferung von Krankenhaus-Mahlzeiten.

Bis heute unverzichtbar: der Zweiwege-Unimog

Die Idee, mit demselben Fahrzeug auf der Straße und alternativ auf der Schiene fahren zu können, beschäftigte Ingenieure schon seit der Frühzeit des Automobilismus. In Gaggenau befassten sich die Entwickler gegen Ende der 1950er-Jahre, zu Zeiten der Baureihe 411, erstmals mit der Idee, den Multifunktions-Champion Unimog wahlweise auch auf Gleise zu stellen. Denn damit könnte man weitere bedeutende Kundenkreise erschließen: Dazu zählten nicht nur die damalige Deutsche Bundesbahn und regionale Unternehmen des öffentlichen Personennahverkehrs, die auf diese Weise beispielsweise für Rangier- und/oder Wartungsarbeiten sowie den Liniendienst eine wesentlich größere Flexibilität erzielen würden, sondern vor allem auch größere Industrieunternehmen, insbesondere wenn deren Anlagen einen Gleisanschluss besaßen.

Idee aus den Pioniertagen

Zwar sorgt die Zweiwegefähigkeit von Straßenfahrzeugen bei Passanten auch heute noch für Verblüffung, aber das zugrundeliegende Konzept war bereits zu jener Zeit, als die Unimog-Entwickler es aufgriffen, alles andere

Altes Konzept - mit moderner Technik praxistauglich umgesetzt: der Zweiwege-Unimog. Daimler Truck AG

Mit der Einführung der Baureihe 406 sollte der Bau von Zweiwegefahrzeugen neue Marktchancen für den Unimog öffnen. Zwar konnte sich das faszinierende Fahrzeugkonzept etablieren, kam aber nie über ein Nischendasein hinaus. **Daimler Truck AG**

als neu. Schon 60 Jahre zuvor, als erste Frühformen des Omnibusses das Licht der Welt erblickten, stellte die damals in Berlin beheimatete Firma Siemens & Halske das revolutionäre Konzept eines Straßenbahn-Omnibusses vor, der sowohl auf der Straße wie auf der Schiene fahren konnte. Bereits 1898 wurde ein erstes solches Experimentalfahrzeug auf die Räder gestellt. Dabei handelte es sich um einen ehemaligen Pferde-Omnibus, der mit einem Antrieb aus vier Elektromotoren à 5,5 kW und einem Stromabnehmer für die Oberleitung ausgestattet worden war. Sobald Leit- und Kontaktradsatz abgesenkt waren, konnte das Fahrzeug auf Straßenbahnschienen fahren. Wurde das Leitradpaar angehoben und der Stromabnehmer eingeklappt, konnte der Omnibus die Geleise verlassen und auf der Straße weiterfahren. Das Ziel, dass die damaligen Entwickler vor Augen hatten, war, ein öffentliches Verkehrsmittel zu schaffen, das es ermöglichte, mit ein und demselben Fahrzeug sowohl auf den Straßenbahnmagistralen unterwegs sein, zugleich aber Zubringerdienste für städtische Gegenden übernehmen zu können, in denen kein Gleisanschluss vorhanden war.

Wenn die um die Jahrhundertwende realisierten Ideen der Siemens-Ingenieure auch noch allzu futuristisch erschienen und das Projekt trotz Probebetriebs letztlich

Trotz seiner anfangs nur 65 PS/48 kW konnte der Unimog enorme Zugkräfte auf die schmalen Gleise übertragen. Im Rahmen seiner Zulassung wurde ihm eine Anhängelast von 300 Tonnen genehmigt. **Daimler Truck AG**

eingestellt wurde, war es unbestreitbar, dass sich mit dem Aufkommen des Automobils ein steigender Bedarf an Zweiwegefahrzeugen einstellen würde. Zunächst wurden in den 1920er-Jahren weitere Versuche mit entsprechenden Konstruktionen in den USA unternommen, und schon bald kristallisierten sich als wesentliche Einsatzschwerpunkte die Bereiche Oberleitungswartung und Schienenreinigung heraus. Das von den Pionieren der Technologie verfolgte Konzept eines besonders flexibel gestalteten öffentlichen Personennahverkehrs geriet – zumindest in Deutschland – Jahrzehnte lang nahezu vollständig aus dem Blickfeld.

Neuer Schwung

Erst in den frühen 1950er-Jahren unternahm die Deutsche Bundesbahn hier einen neuen Anlauf und kreierte einen sogenannten »Schienen-Straßen-Omnibus«, der auf verschiedenen Nahverkehrsstrecken in Niederbayern, der Oberpfalz, Schwaben, im Schwarzwald sowie in Rheinland-Pfalz mit wechselndem Erfolg zum Einsatz kam. Der mit allen eisenbahntechnisch notwendigen Einrichtungen ausgestattete Bus wurde von einem 120 PS/88 kW starken Dieseltriebwerk von Klöckner-Humboldt-Deutz angetrieben. Insgesamt fünfzehn Exemplare versahen bis in die zweite Hälfte der 1950er-Jahre hinein ihren Dienst im täglichen Zweiwege-Linienbetrieb. Als letztes seiner Art blieb ein solches Fahrzeug sogar bis 1967 im Einsatz. Am Ende überzeugte das Konzept im öffentlichen Personenverkehr nicht in einer Weise, dass es sich dauerhaft etablieren konnte. Die restlichen 35 in Serie hergestellten Exemplare des scherzhaft »Schi-Stra-Bus« genannten Zweiwegebusses wurden ausschließlich im Straßenverkehr eingesetzt.

Für den Betrieb auf Eisenbahngleisen wurde der Bus an Front und Heck auf zwei sogenannte »Spurwagen« gesetzt, was mithilfe zweier hydraulischer Hebevorrichtungen geschah. Im Schienenbetrieb war die Vorderachse vollständig abgehoben, während die speziell bereiften Hinterräder auf den Schienen liefen und den Antrieb besorgten.
Spoorjan, CC BY-SA 3.0, via Wikimedia Commons

Nach ersten Versuchen in den Pioniertagen des Omnibusses gab der sogenannte »Schi-Stra-Bus« der Entwicklung von Zweiwege-Konzepten in den 1950er-Jahren neuen Schub.
Spoorjan, CC BY-SA 3.0, via Wikimedia Commons

Nur wenige dieser Fahrzeuge liefen tatsächlich im Zweiwegebetrieb, die meisten wurde ausschließlich auf der Straße eingesetzt. 1967 wurde der letzte Schi-Stra-Bus außer Dienst gestellt.
Spoorjan, CC BY-SA 3.0, via Wikimedia Commons

Eine Vorführfahrt der Firma Beilhack, bei der ein Unimog 406 seine Fähigkeiten als Rangierfahrzeug zwischen Schiene und Straße unter Beweis stellt. Bei dieser hier frühen Variante dienten noch Kufen als Spurführungselemente. Daimler Truck AG

Auch an diesem Unimog 406 ist eine Zweiwege-Ausstattung der Rosenheimer Firma Beilhack montiert. Hier übernahmen bereits jeweils doppelte Stahlrollen vorn und hinten die Führung der Zugmaschine.
Daimler Truck AG

Unimog als ideales Basisfahrzeug

Wesentlich zukunfts- und erfolgsträchtiger als im Personentransport war das Schiene-Straße-Konzept jedoch in Kombination mit einem Unimog. Als Pionier tat sich dabei die Rosenheimer Firma Beilhack hervor, deren Verbindung zur Schiene schon aus den 1920er-Jahren herrührte, als sie für die seinerzeitige Deutsche Reichsbahn Draisinen produzierte. Zunächst noch mit 411ern

Besonders traktionsstark und spurtreu waren diese seinerzeit von Michelin entwickelten Vollgummi-Spezialreifen für den Einsatz auf der Schiene. Wer diese Vorteile nutzen wollte, musste für den Straßenbetrieb erst einmal alle Räder am Unimog wechseln. Daimler Truck AG

Vergleich zwischen der normalen Straßenbereifung, mit der ebenfalls auf Schienen gefahren werden konnte, und den leicht gerillten Spezialreifen von Michelin. Gut zu erkennen ist der Spurkranz an der Innenseite. Er diente zur Spurführung. Daimler Truck AG

unternahm man erste Versuche mit einem technischen System, bei dem der Unimog teilweise mit seinen Straßenrädern, teilweise mit besonderen Gummirädern, auf den beiden Gleissträngen rollte und mithilfe von vor und hinter dem Fahrzeug angeordneten, absenkbaren stählernen Führungskufen in der Spur gehalten wurde. Die Lenkung war dabei natürlich mechanisch blockiert. Antriebsstrang und Bremsanlage des Unimog behielten in vollem Umfang ihre ursprüngliche Funktion. Dies war bei den bis dahin im Verkaufsprogramm befindlichen 411ern, die maximal 32 PS/24 kW leisteten, allerdings ein limitierender Faktor.

Durchbruch mit dem 406er

Das änderte sich mit der Einführung der 406er-Modelle, die über eine wesentlich höhere Zugkraft und eine leistungsfähigere Bremsanlage verfügten. Außerdem wiesen sie eine größere Spurweite und breitere Reifen auf, so-

Die beiden vorne und hinten angebrachten absenkbaren Schlitten mit jeweils zwei eisenbahnartigen Stahlrädern sorgten für die Spurführung und verhinderten ein Entgleisen des Zweiwege-Unimog. Die Lenkung musste der Fahrer mithilfe eines Stifts mechanisch blockieren. Daimler Truck AG

dass der umständliche und zeitraubende Umbau auf Spezialräder häufig unterbleiben konnte. Neben Beilhack erkannte auch die in Bruchsal bei Karlsruhe ansässige Firma Ries die Potenziale der Zweiwege-Technologie in Verbindung mit dem Unimog. Hier verfolgte man einen anderen Ansatz, um eine optimale Spurführung sicherzustellen. Statt Kufen wurde vor der Vorder- und hinter der Hinterachse jeweils ein absenkbarer Schlitten mit Eisenbahn-artigen Schienenlaufrädern, später auch Spurrollen mit wesentlich kleinerem Durchmesser, montiert – eine technische Lösung, deren Grundprinzip, natürlich in wesentlich weiterentwickelter Form, bis heute am weitesten verbreitet ist.

Ein Fall für Spezialisten

Seit sich das technische Konzept ab Mitte der 1960er-Jahre mit dem Erscheinen des 406ers allmählich durchzusetzen begann, haben sich Zweiwegefahrzeuge auf Unimog-Basis nicht nur im Schienenverkehrs- und Kommunalbereich sondern auch auf anderen Einsatzfeldern unentbehrlich gemacht. Natürlich kann die Technologie auch an andere passende Fahrzeuge adaptiert werden, aber der Unimog hat, zumindest in Europa, den mit Abstand größten Marktanteil unter diesen Spezialfahrzeugen, weil er mit seiner sonstigen technischen Ausrüstung, zum Beispiel den Nebenabtrieben, nach wie vor konkurrenzlos ist. Aufgebaut wurden und werden Zweiwegefahrzeuge von den jeweiligen Spezialisten. Gaggenau bzw. heute das Werk Wörth lieferten und liefern lediglich das technisch vorkonfigurierte Basisfahrzeug, während die Schienenfahrzeug-bezogene Ausrüstung bei den Herstellern vor Ort integriert wird. Früher wurde auch das komplette Zweiwegefahrzeug zeitweise von Unimog in Gaggenau vertrieben.

Ein Unimog 406 als Zugmaschine auf dem Schienenstrang. Der massive Hydraulikzylinder des Frontkrafthebers, der für das Absenken des Spurführungsschlittens zuständig war, sticht sofort ins Auge. Daimler Truck AG

Bis in die 1970er-Jahre teilten sich im Wesentlichen Beilhack und Ries den Markt. Dann wandte sich das Rosenheimer Unternehmen verstärkt Schneeräumgerätschaften für Straße und Schiene zu, bis man 2005 vom Anbaugerätehersteller Schmidt aus St. Blasien übernommen wurde, der seinerseits 2007 mit der schweizerischen Aebi-Gruppe fusionierte. Motorisierte Draisinen gehören dabei übrigens bis heute noch zum Produktprogramm. Ries in Bruchsal als zweiter Anbieter von Zweiwegesystemen in der Epoche des Unimog 406 wurde bereits 1985 von der Firma ZAGRO aus Bad Rappenau geschluckt, einem Spezialisten für Bahn- und Baumaschinen, der unter anderem auch Rangierloks herstellt. Das Unternehmen ist heute in Europa federführend bei Konstruktion und Ausführung von Zweiwegefahrzeugen.

Für dieses Zweiwegefahrzeug zeichnete die Firma Ries aus Bruchsal verantwortlich. Daimler Truck AG

Eisenbahntechnik zieht ein

Wie effizient die Traktion von Gummirädern auf den schmalen Gleisen trotz der geringen Auflagefläche war, überraschte schon Mitte der 1960er-Jahre die meisten Beobachter. Optimale Ergebnisse erzielten hier Spezial-Vollgummireifen von Michelin, die einen minimalen Rollwiderstand auf der Schiene aufwiesen und zur Spurführung einen Spurkranz besaßen. Nach Durchlaufen aufwendiger Zulassungsprozeduren durch die Eisenbahnbehörden erhielt der Unimog 406 unter anderem die Genehmigung, als Rangierfahrzeug auf einem Betriebsgelände und im öffentlichen Bahnnetz eine Anhängelast von sage und schreibe 300 Tonnen an die Zugstange zu nehmen. Da es unter diesen Umständen unmöglich war, sich auf die Betriebsbremse des Unimog zu verlassen, musste eine spezielle druckluftbetriebene Waggonbremsanlage installiert werden, deren Komponenten im Einbauraum zwischen Fahrerhaus und Hilfsladefläche untergebracht waren. Die Aufrechterhaltung des Pneumatikdrucks oblag einem Zusatzluftpresser, der von einem dort angeordneten Sonder-Nebenabtrieb mit Energie versorgt wurde.

Nicht billig, eher preiswert

Die Anschaffung eines Unimog 406 in Zweiwege-Ausführung war für den potenziellen Käufer nicht zuletzt eine wirtschaftlich begründete Entscheidung. In Gaggenau und bei den Spezialausrüstern spekulierte man natürlich darauf, dass man nicht nur bei der Bahn, sondern auch bei Industrieunternehmen die enormen

Auch jenseits von klassischen Rangierarbeiten auf industriellen Betriebshöfen mit Gleisanschluss oder Verschiebebahnhöfen gab es für Zweiwege-Unimogs genug zu tun. Hier ein Fahrzeug, das sich mit einem Aufbau-Ladekran der Firma Hiab nützlich macht. Daimler Truck AG

Vorteile erkannte, die eine Anschaffung von einem oder am besten gleich mehreren Zweiwege-Unimog mit sich brachte. Vor allem für notwendige Rangierarbeiten bedeutete dies, dass man auf den Kauf einer wesentlich schwereren, in ihrer Einsetzbarkeit natürlich auf die Schiene beschränkten und dazu noch mehrfach teureren kleinen Lokomotive verzichten konnte – ganz abgesehen von den vielfältigen weiteren Verwendungsmöglichkeiten des Unimog. Beispielsweise wurden für einen entsprechend auf die Umrüstung zum Zweiwegefahrzeug vorbereiteten U 70 der Baureihe 406 um die 25.000 Mark fällig. Dazu kamen noch die Kosten für die Zweiwegetechnik. Kein Sonderangebot, aber doch sehr viel billiger als jede kleine Rangierlok.

Als Spezialfahrzeug unverzichtbar

Zwar wurde mit der Einführung des 406ers der Umbau zum Zweiwegefahrzeug für die Modelle fast aller nachfolgenden leistungsstärkeren Unimog-Baureihen üblich, aber dennoch erfüllten sich die hochgesteckten Umsatzerwartungen der beteiligten Firmen nicht. Das Zweiwegekonzept blieb eine Nischenlösung für Nischenanwendungen. Nachhaltig höhere Stückzahlen ließen sich nie realisieren. Heute gilt dies im Zeichen zunehmend spezialisierter Einsatzprofile mehr denn je: Inzwischen werden Zweiwege-Unimog vielfach nach individuellem Kundenwunsch gefertigt. Das Anwendungsspektrum solcher Fahrzeuge hat sich dabei aber über die Jahre noch wesentlich verbreitert. Zwar stehen immer noch eisenbahntypische Aufgaben in den Bereichen Gleisbau, -pflege und -schweißung, auch Oberleitungsbau und -wartung im Mittelpunkt, aber mittlerweile werden sie ebenso für Einsätze im Brücken- und Tunnelbau genutzt, verrichten ihren Dienst als Kranfahrzeug oder retten als hochflexibles Rettungs- und Bergungsfahrzeug Leben.

Dabei ist die Zweiwege-Technologie für die aktuellen Modelle der Unimog-Geräteträger-Baureihe mittlerweile ebenso hoch spezifiziert wie die der Basisfahrzeuge. Damit ein Einsatz im öffentlichen Schienennetz überhaupt erlaubt ist, sind alle erforderlichen Eisenbahn-relevanten Ausstattungen an Bord, beispielsweise eine spezielle Signallichtanlage, das typische Drucklufthorn, Bahnfunk, eine Sicherheitsfahrschaltung und eine induktive Sicherheitsüberwachung. Die Waggonbremsanlage ist inzwischen auf eine Anhängelast von 1000 Tonnen ausgelegt. Gesteuert werden die heutigen Fahrzeuge über ein digitales Bedienpult in der Unimog-Kabine. Absoluter Clou ist die Möglichkeit, das Fahrzeug von außen per Funkfernsteuerung zu bedienen.

Auch heute sind die Zweiwege-Unimogs aus dem Rangierbetrieb in Industriebetrieben nicht mehr wegzudenken. Hier zieht ein U 1400 eine Reihe von Kesselwagen zu den Abfüllanlagen auf dem Gelände der Infra-Leuna. Foto: Ralf Weinreich

Programmübersicht Unimog Baureihe 406								
Typ / Verkaufsbez.	Baumuster	Fahrerhaus	Motor			Radstand	Stückzahl	Bauzeit
			Typ	BM	PS			
P 65 / G 65 / T 65	406.120	offen	OM 312/352	312.954/352.919	65	2.380	*alle .120	04/1963 - 05/1966
P 65 / G 65 / T 65	406.121	geschl.	OM 312/352	312.954/352.919	65	2.380	*alle .121	04/1963 - 05/1966
U 70 / A / F	406.120	offen	OM 352	352.919	70	2.380	*alle .120	05/1966 - 12/1968
U 70 / A / F	406.121	geschl.	OM 352	352.919	70	2.380	*alle .121	05/1966 - 12/1968
U 80 / A / L / F	406.120	offen	OM 352	353.902	80	2.380	*alle .120	01/1969 - 03/1971
U 80 / A / L / F	406.121	geschl.	OM 352	353.902	80	2.380	*alle .121	01/1969 - 03/1971
U 84 / L / F / U 900	406.120	offen	OM 352	353.902	84	2.380	12.753*	03/1971 - 12/1989
U 84 / L / F / U 900	406.121	geschl.	OM 352	353.902	84	2.380	22.940*	03/1971 - 12/1989
U 70 T	406.130	offen	OM 352	352.919/352.902	70	Triebk.	*alle .130	10/1965 - 10/1967
U 65 T	406.130	offen	OM 352	352.919	65	Triebk.	10*	10/1965 - 10/1967
U 70 T	406.131	geschl.	OM 352	352.919/352.902	70	Triebk.	*alle .131	01/1965 - 08/1965
U 65 T	406.131	geschl.	OM 352	352.919	65	Triebk.	29*	01/1965 - 08/1965
U 80 T	406.133	offen	OM 352	352.919	80	Triebk.	523	08/1965 - 07/1968
Prototyp	406.141		OM 352		80	2.900	2	08/1969 - 10/1969
U 900	406.142	offen	OM 352	353.940	110	2.380	19	01/1973 - 12/1975
U 900	406.143	geschl.	OM 352	353.940	110	2.380	16	01/1973 - 06/1976
U 900, U 84	406.145	geschl.	OM 352	353.902	84	2.380	353	01/1974 - 1986
U406	406.320		OM 352	353.902	84	2.380	424	05/1972 - 1978

Maßskizzen mit Allwetterverdeck

(ungefähre Maße in mm) Baumuster 406.120

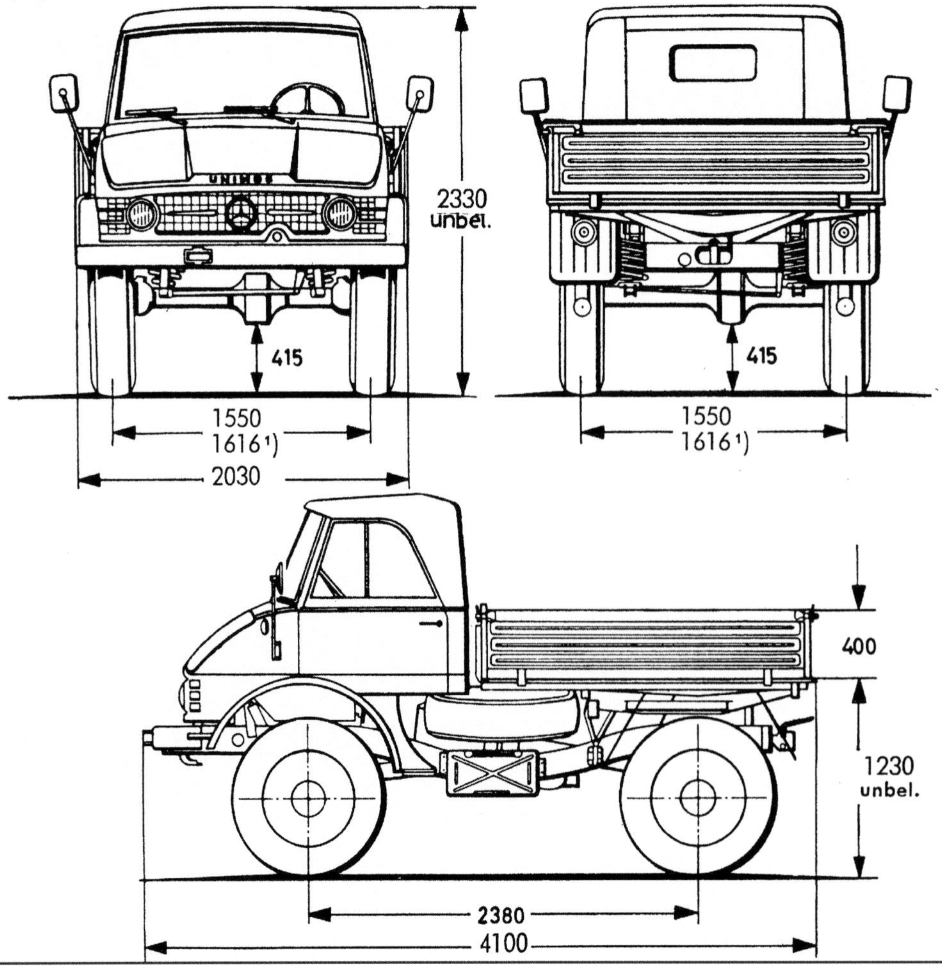

	Unimog U 65 Baureihe 406 1963-1966 406.120 / 406.121		Unimog U 70 Baureihe 406 1966-1968 406.120 / 406.121	
Motor				
Baumuster (BM)	OM 312: 312.954 ab 4/64: OM 352: 352.919		352.919	
Bauart	OM 312: 6-Zyl. Vorkammer-Diesel OM 352: 6-Zyl.-Diesel-Direkteinspritzer		6-Zyl.-Diesel-Viertakt-Direkteinspritzer Typ OM 352	
Bohrung x Hub	90 x 120 / 97 x 128 mm		97 x 128 mm	
Hubraum	4.580 / 5.675 ccm		5.675 ccm	
Leistung	65 PS (48 kW) bei 2.550/min		70 PS (52 kW) bei2.550/min	
Drehmoment	21 mkg bei 1.600/min		24 mkg bei 1.600/min	
Verdichtung	19,5 : 1 / 17 : 1		17 : 1	
Gemischbereitung	Bosch -Einspritzpumpe		Bosch -Einspritzpumpe	
Einspritzfolge	1 - 5 - 3 - 6 - 2 - 4		1 - 5 - 3 - 6 - 2 - 4	
Kühlung	Wasserkühlung mit Pumpe und Thermostat (16 Liter)			
Elektr. Anlage	Lichtmaschine 12 Volt, 240 Watt, selbsttätiger Spannungsregelung, 110 Ah-Batterie			
Kraftübertragung				
Antrieb	Vorderachsantrieb, Differenzialsperren in beiden Achsen, während der Fahrt ohne Zugkraftunterbrechung pneumatisch zu- und abschaltbar (Allrad)			
Kupplung	Fichtel & Sachs Einscheiben-Trockenkupplung Typ G 280 K			
Nebenabtriebe	Getriebe- oder Motorzapfwelle vorn und hinten 543/min			
Getriebe	Vollsynchronisiertes Hauptgetriebe mit 6 Vorwärts- und 2 Rückwärtsgänge 10,5 - 20		12,5 - 20	
Fahrwerte (vorwärts)	4 / 8 / 15 / 26 / 43 / 65 km/h		4,6 / 9 / 16 / 28 / 45 / 68 km/h	
(rückwärts)	3 / 6 km/h		3,4 / 6,2 km/h	
Zwischengänge	3,3 / 6 / 11 / 20 / 32 / 49 km/h		3,7 / 6,3 / 11,5 / 21 / 34 / 52 km/h	
rückwärts	2,4 / 4,4 km/h		2,6 / 4,7 km/h	
Kriechgänge	0,7 / 1,3 / 2,5 / 4,5 km/h		0,8 / 1,4 / 2,6 / 4,7 km/h	
rückwärts	0,6 / 1,0 km/h		0,8 / 1,1 km/h	
Schneckengänge	0,08 / 0,15 / 0,27 / 0,49 km/h		0,09 / 0,16 / 0,29 / 0,52 km/h	
rückwärts	0,06 / 0,11 km/h		0,07 / 0,12 km/h	
Achsübersetzung	6,527		6,527	
Fahrwerk				
	Selbsttragende Ganzstahlkarosserie, U-Profil-Rechteckrahmen mit Querträgern Hochstellbares Klappverdeck-Fahrerhaus oder hochstellbares Ganzstahl-Fahrerhaus			
Achsen v/h	Portalachsen mit Kegeldifferenzialen und Radvorgelegen			
Federung v/h	Schraubenfedern, hinten mit Zusatzfeder, Teleskopstoßdämpfer v/h			
Bremsen	Hydr. Innenbackenbremsen mit pneumatischem Bremsverstärkter			
Lenkung	DB-Kugelumlauf-Lenkung Typ L 2			
Räder	9 x 20	11 x 20	9 x 20	11 x 20
Bereifung	10,5 - 20	12,5 - 20	10,5 - 20	12,5 - 20
Allgemeine Daten				
Radstand	2.380 mm		2.380 mm	
Spurweite v/h	1.536 mm	1.602 mm	1.536 mm	1.602 mm
Gesamtmaße	4.000 x 2.000 x 2.250 mm		4.100 x 2.030 x 2.300 mm	
Bodenfreiheit/Diff.	420 mm		415 mm	440 mm
Überhangwinkel v/h	45° / 70°		45° / 70°	
Wattiefe	800 mm		800 mm	
Pritschenfläche	1.475 / 1.950 x 1.890 x 400 mm		1.950 x 1.890 x 400 mm	
Ladehöhe	1.140 mm		1.140 mm	
Höchstgeschw.	65 - 70 km/h		65 - 70 km/h	
kl. Wendekreis	10,9 Meter		10,8 Meter	
Leergewicht	2.700 kg		3.100 kg	3.100 kg
Nutzlast	1.750 kg		2.000 kg	2.000 kg
zul. Gesamtgewicht	5.000 kg		5.500 kg	5.500 kg
zul. Achslast v/h	2.800 kg	3.300 kg	3.100 kg	3.300 kg
Kraftstoffverbrauch	16 Liter / 100 km		16 Liter / 100 km	
Ölinhalt Motor	9 Liter		9 Liter	
Kraftstofftank	90 Liter		90 Liter	

	Unimog U 65 T / U 70 T Baureihe 406 1965-1967 406.130 / 406.131		Unimog U 80 T Baureihe 406 1965-1968 406.133	
Motor				
Baumuster (BM)	352.919		352.919	
Bauart	Mercedes-Benz 6-Zyl.-Reihen-Viertakt-Direkteinspritz-Dieselmotor, Typ 352			
Bohrung x Hub	97 x 128 mm		97 x 128 mm	
Hubraum	5.675 ccm		5.675 ccm	
Leistung	65/70 PS (48/52 kW) bei 2.550/min		80 PS (58 kW) bei 2.550/min	
Drehmoment	21/24 mkg bei 1.600/min		26 mkg bei 1.600/min	
Verdichtung	17 : 1		17 : 1	
Gemischbereitung	Bosch -Einspritzpumpe		Bosch -Einspritzpumpe	
Einspritzfolge	1 - 5 - 3 - 6 - 2 - 4		1 - 5 - 3 - 6 - 2 - 4	
Kühlung	Wasserkühlung mit Pumpe und Thermostat (16 Liter)			
Elektr. Anlage	Lichtmaschine 12 Volt, 240 Watt, selbsttätiger Spannungsregelung, 110 Ah-Batterie			
Kraftübertragung				
Antrieb	Vorderachsantrieb, Differenzialsperre während der Fahrt ohne			
	Zugkraftunterbrechung pneumatisch zu- und abschaltbar			
Kupplung	Fichtel & Sachs Einscheiben-Trockenkupplung Typ G 280 K			
Nebenabtriebe	Motorzapfwelle vorn bei 540/min			
Getriebe	Vollsynchronisiertes Hauptgetriebe mit 6 Vorwärts- und 2 Rückwärtsgänge			
	10,5 - 20		12,5 - 20	
Fahrwerte (vorwärts)	4 / 8 / 15 / 26 / 43 / 65 km/h		4,6 / 9 / 16 / 28 / 45 / 68 km/h	
(rückwärts)	3 / 6 km/h		3,4 / 6,2 km/h	
Zwischengänge	3,3 / 6 / 11 / 20 / 32 / 49 km/h		3,7 / 6,3 / 11,5 / 21 / 34 / 52 km/h	
rückwärts	2,4 / 4,4 km/h		2,6 / 4,7 km/h	
Kriechgänge	0,7 / 1,3 / 2,5 / 4,5 km/h		0,8 / 1,4 / 2,6 / 4,7 km/h	
rückwärts	0,6 / 1,0 km/h		0,8 / 1,1 km/h	
Schneckengänge	0,08 / 0,15 / 0,27 / 0,49 km/h		0,09 / 0,16 / 0,29 / 0,52 km/h	
rückwärts	0,06 / 0,11 km/h		0,07 / 0,12 km/h	
Achsübersetzung	6,527		6,527	
Fahrwerk				
	Selbsttragende Ganzstahlkarosserie, U-Profil-Rechteckrahmen mit Querträgern			
	Hochstellbares Klappverdeck-Fahrerhaus oder hochstellbares Ganzstahl-Fahrerhaus			
Achsen vorn	Portalachsen mit Kegeldifferenzialen und Radvorgelegen			
Federung vorn	Schraubenfedern und Teleskopstoßdämpfer			
Bremsen	Hydr. Innenbackenbremsen mit pneumatischem Bremsverstärkter			
Lenkung	DB-Kugelumlauf-Lenkung Typ L 2			
Räder	9 x 20	11 x 20	9 x 20	11 x 20
Bereifung	10,5 - 20	12,5 - 20	10,5 - 20	12,5 - 20
Allgemeine Daten				
Spurweite v/h	1.536 mm	1.602 mm	1.555 mm	1.630 mm
Gesamtmaße	2.262 x 2.000 x 2.250 mm		2.262 x 2.000 x 2.360 mm	
Bodenfreiheit/Diff.	420 mm		415 mm	440 mm
Überhangwinkel v	45°		45°	
Wattiefe	800 mm		800 mm	
Höchstgeschw.	65 - 70 km/h		80 km/h	
Leergewicht	3.600 kg		3.600 kg	
Nutzlast	2.300 kg		2.300 kg	
zul. Gesamtgewicht	6.000 kg		6.000 kg	
zul. Achslast v	3.500 kg	3.700 kg	3.500 kg	3.700 kg
Kraftheber	Hubkraft vorn: 2.800 kg		Hubkraft vorn: 2.800 kg	
Kraftstoffverbrauch	16 Liter / 100 km		19,5 Liter / 100 km	
Ölinhalt Motor	9 Liter		10 Liter	
Kraftstofftank	90 Liter		90 Liter	

	Unimog U 80 Baureihe 406 1969-1971 406.120 / 406.121	Unimog U 84 (U 900) Baureihe 406 1971-1989 406.120 / .121 / .142 / .143 / .145
Motor		
Baumuster (BM)	353.902	353.902 bzw. 353.940 (406.142/.143)
Bauart	Mercedes-Benz 6-Zyl.-Reihen-Viertakt-Direkteinspritz-Dieselmotor, Typ 352	
Bohrung x Hub	97 x 128 mm	97 x 128 mm
Hubraum	5.675 ccm	5.675 ccm
Leistung	80 PS (58kW) bei 2.550/min	84/110 PS (62/81 kW) bei 2.550/2.800/min
Drehmoment	26 mkg bei 1.600/min	260 / 314 Nm bei 1.600/min
Verdichtung	17 : 1	17 : 1
Gemischbereitung	Bosch -Einspritzpumpe	Bosch -Einspritzpumpe
Einspritzfolge	1 - 5 - 3 - 6 - 2 - 4	1 - 5 - 3 - 6 - 2 - 4
Kühlung	Wasserkühlung mit Pumpe und Thermostat (16 Liter)	
Elektr. Anlage	Drehstromlichtmasch. 14 Volt 35 A, 490 Watt, selbstt. Spannungsregelung, Batterie110 Ah	
Kraftübertragung		
Antrieb	Vorderachsantrieb, Differenzialsperren in beiden Achsen, während der Fahrt ohne Zugkraftunterbrechung pneumatisch zu- und abschaltbar (Allrad)	
Kupplung	Fichtel & Sachs Einscheiben- bzw. Zweischeiben-Trockenkupplung	
Nebenabtriebe	Zapfwelle vorn und hinten bei 540/min und 1.000/min, Zapfwellenmittelabtrieb	
Getriebe	Vollsynchronisiertes Hauptgetriebe mit 6 Vorwärts- und 2 Rückwärtsgänge	
Übersetzungen	I. 14,531, II. 8,027, III. 4,504, IV. 2,488, V. 1,647, V. 1,0, IR. 11,625, IIR. 6,421	I. 14,531, II. 8,027, III. 4,504, IV. 2,488, V. 1,647, V. 1,0, IR. 11,625, IIR. 6,421
Vorschaltgetriebe	Vorschaltgetriebe 2 x 4-Gang-Schaltung mit 8 Vorwärts- und 4 Rückwärtsgänge	
Übersetzungen	I. 14,531, II. 8,027, III. 5,314, IV. 3,227 I. 4,504, II. 2,448, III. 1,647, IV. 1,000 I. 11,625, II. 6,421, III. 4,251, IV. 2,589 Übersetzung Achsantrieb 22:7, 23:9 Übersetzung Radvorgelege 27:13, 27:14 Gesamt-Achse 6,527, 6,06, 5,308	I. 14,531, II. 8,027, III. 5,314, IV. 3,227 I. 4,504, II. 2,448, III. 1,647, IV. 1,000 I. 11,625, II. 6,421, III. 4,251, IV. 2,589 Übersetzung Achsantrieb 22:7, 23:9 Übersetzung Radvorgelege 27:13, 27:14 Gesamt-Achse 6,527, 6,06, 5,308
Fahrwerk		
	Selbsttragende Ganzstahlkarosserie, U-Profil-Rechteckrahmen mit Querträgern Hochstellbares Klappverdeck-Fahrerhaus oder hochstellbares Ganzstahl-Fahrerhaus	
Achsen v/h	Portalachsen mit Kegeldifferenzialen, Schubrohr und Radvorgelegen	
Federung v/h	Schraubenfedern, hinten mit Zusatzfeder, Teleskopstoßdämpfer v/h	
Bremsen	Zweikreis-Scheibenbremsen mit hydr. Bremskraftverstärker mech. Stock-Handbremse, Druckluft-Anhängerbremse	
Lenkung	Hydraulische Servo-Kugelmutter-Lenkung	
Räder	9 x 20 / 11 x 20	9 x 20 / 11 x 20
Bereifung	10,5-20/10 PR, 12,5-20/10 PR	10,5-20, 12,5-20, 14,5-20, 22-20
Allgemeine Daten		
Radstand	2.380 mm	2.380 mm
Spurweite v/h	1.555 mm / 1.630 mm	1.555 / 1.630 / 1.850 mm
Gesamtmaße	4.100 x 2.000 x 2.360 mm	4.100 x 2.160 x 2.350 mm
Bodenfreiheit/Diff.	415 mm / 440 mm	415 mm
Überhangwinkel v/h	45° / 70°	45° / 70°
Wattiefe	800 mm	850 mm
Pritschenfläche	1.475 / 1.950 x 1.890 x 400	1.475/1.950 x 1.890 x 400
Ladehöhe	1.230 mm / 1.255 mm	1.230 / 1.255 / 1.280 / 1.265 mm
Höchstgeschw.	80 km/h	80 km/h
kl. Wendekreis	10,9 Meter	10,9 / 11,4 Meter
Leergewicht	3.600 kg	3.600 kg
Nutzlast	2.300 kg	2.300 kg
zul. Gesamtgewicht	6.000 kg	6.000 kg
zul. Achslast v/h	3.500 kg	3.500 kg
Kraftheber	Hubkraft v/h: 2.800 / 1.750 kg	Hubkraft v/h: 3.000 / 1.200 kg
Kraftstoffverbrauch	19,5 Liter / 100 km	19,5 Liter / 100 km
Ölinhalt Motor	10 Liter	10 Liter
Kraftstofftank	90 Liter	90 Liter (Wunsch 120 Liter)

UNIMOG U 84 / 406 mit Klappverdeck-Fahrerhaus **Maßskizzen**

Baumuster 406.120 (ungefähre Maße in mm)

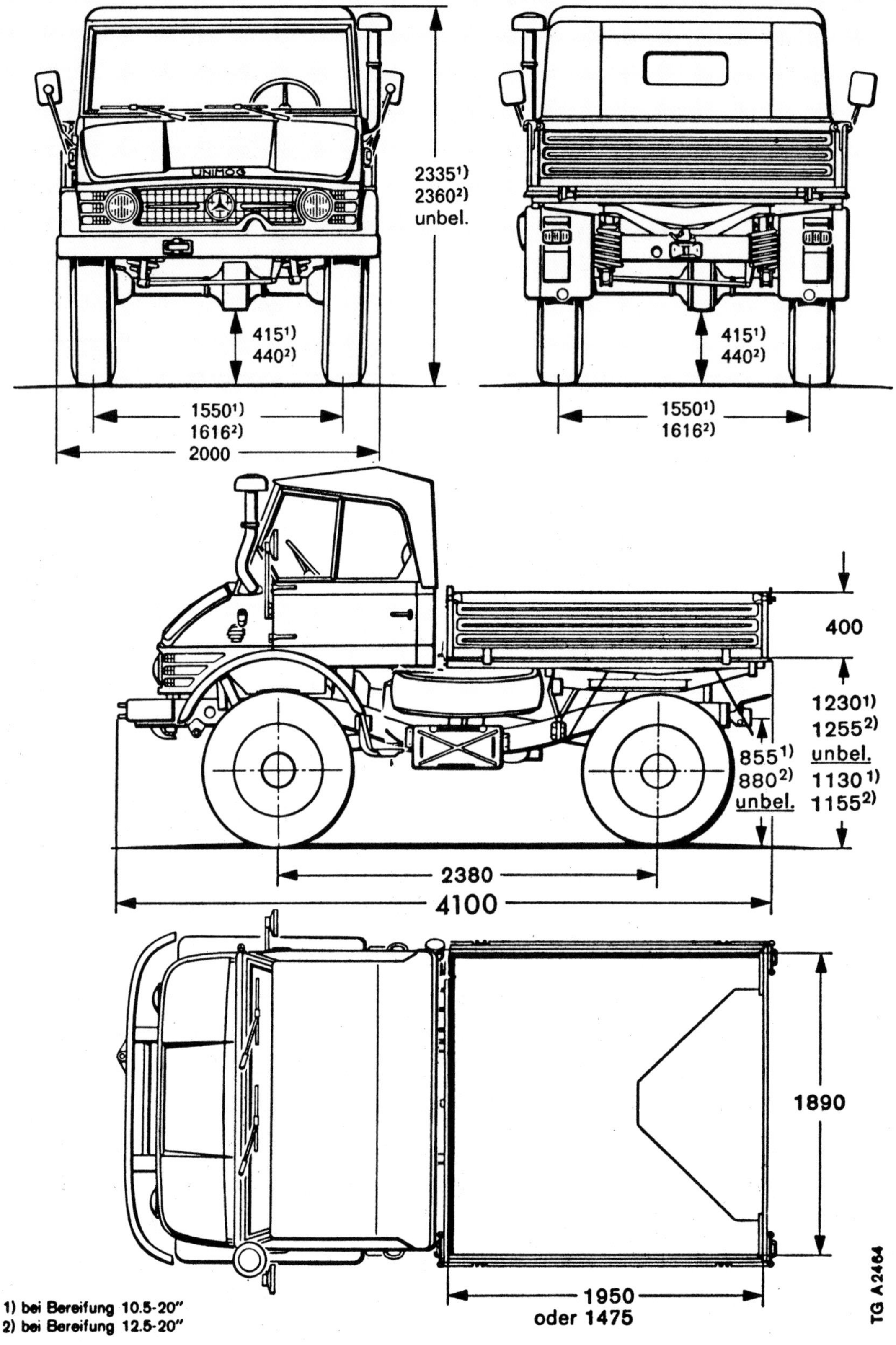

1) bei Bereifung 10.5-20"
2) bei Bereifung 12.5-20"

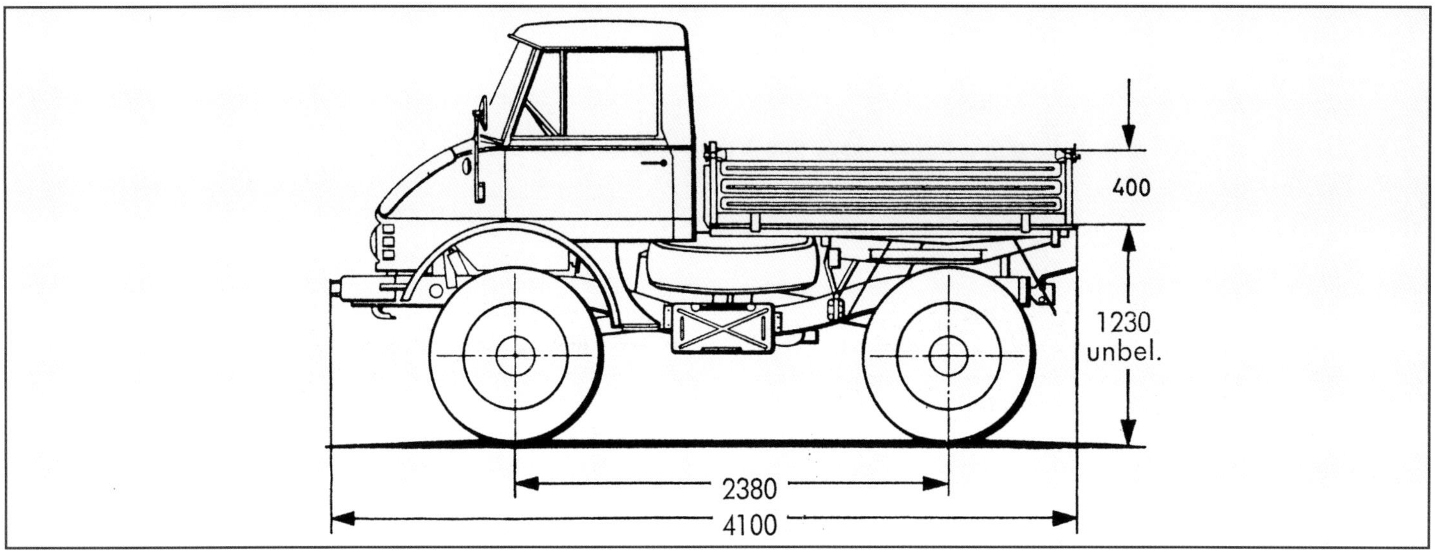
400
1230
unbel.
2380
4100

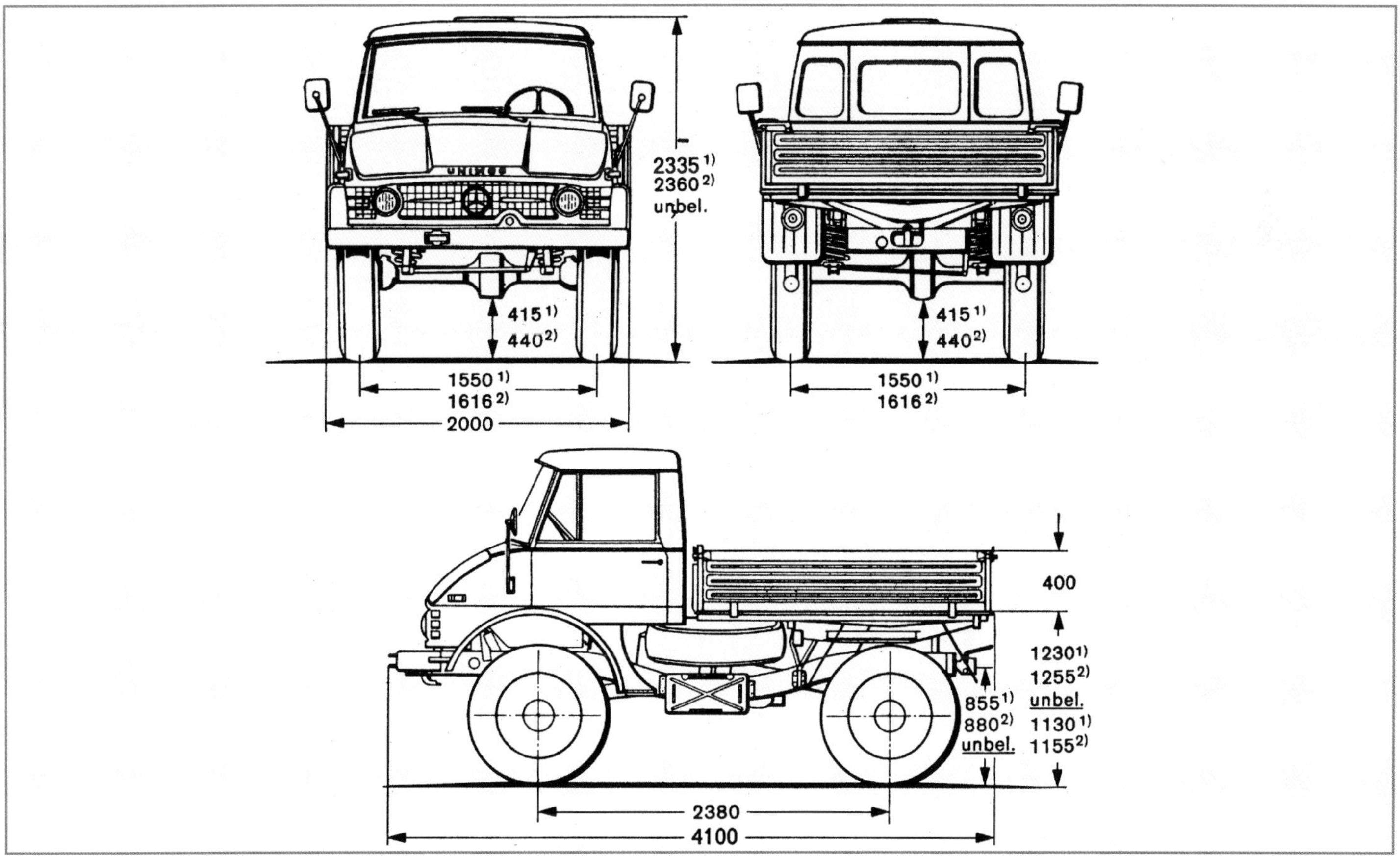
2335 1)
2360 2)
unbel.
415 1)
440 2)
1550 1)
1616 2)
2000
415 1)
440 2)
1550 1)
1616 2)
400
1230 1)
1255 2)
unbel.
1130 1)
1155 2)
855 1)
880 2)
unbel.
2380
4100

Kapitel 5
Der größere Bruder: Unimog 416

Im Frühjahr 1963, als die Fahrzeuge der Baureihe 406 auf den Markt kamen, mutete das Unimog-Modellprogramm schon etwas merkwürdig an. Interessenten – oder besser gesagt: potenzielle Kunden – hatten nur die Wahl zwischen dem U 32 der Baureihe 411b und dem neuen, wesentlich größeren Modell. Zwar trug der Zuschnitt des 406ers den gewachsenen Anforderungen in Landwirtschaft, Gewerbe, Kommunen und Industrie Rechnung, aber zwischen dem zierlichen und mit nur 32 PS/24 kW mittlerweile als ziemlich schwachbrüstig eingestuften 411er und dem neuen, deutlich voluminöseren und natürlich auch teureren Unimog klaffte im Programm eine gewaltige Lücke. Abgesehen von weiteren Einsatzgebieten öffneten auch die im Wandel begriffenen Strukturen in der deutschen Landwirtschaft – bis dahin immer noch der wohl bedeutendste Absatzmarkt für den Gaggenauer Alleskönner – dem 406er große Verkaufschancen, doch verlief die Entwicklung hin zu größeren Betrieben mit größeren Flächen weder linear noch schnell genug, um auf eine noch breitere Typenpalette verzichten zu können.

Mithilfe der Radstandverlängerung auf zunächst 2900 mm konzipierte man den Unimog 416 vor allem auch als Zugmaschine. Passend dazu näherte sich der OM 352 in puncto Leistungsvolumen immer stärker jenen Versionen an, die bisher nur in Lkw von Mercedes-Benz zum Einsatz gekommen waren. Daimler Truck AG

Ausweitung der Modellpalette

Die Tatsache, dass 1964, als der 406 bereits ein Jahr auf dem Markt war, mit dem U 34 noch eine neue Evolutionsstufe des 411ers herauskam, deutete an, dass selbst für den in Ehren ergrauten klassischen Unimog, dessen Wurzeln noch weitgehend im Gaggenauer Urmodell von 1951 lagen, noch eine genügend große Zahl von Abnehmern vorhanden war. Immerhin konnte man im Premierenjahr des 406ers noch 3747 U 32 und im Jahr darauf, 1964, 2842 Exemplare von U 32 und U 34 an neue oder Stammkunden ausliefern. Das war nicht nur für die Unimog-Mannschaft, sondern auch für die Vertriebsverantwortlichen bei Daimler-Benz in Stuttgart gleich in zweifacher Hinsicht ein unmissverständlicher Fingerzeig. Zum einen legten diese Zahlen nahe, dass man, bei allen nach außen hin kommunizierten Forderungen nach wesentlich leistungsfähigeren und belastbareren Modellen, beim Unimog dennoch keinesfalls die leichte Fahrzeugklasse aus dem Blick verlieren durfte. Zum anderen war es unter diesen Umständen dringend notwendig, vor allem – aber nicht nur – auch in diesem Segment neu konstruierte oder aber zumindest umfassend modernisierte Varianten herauszubringen und auf diese Weise die Basis für eine breitflächige, in sich stimmige Modellfamilie zu schaffen, die auch den unterschiedlichsten Kundenanforderungen und Einsatzprofilen bestmöglich gerecht wurde.

Start im oberen Segment

Der währenddessen fortgesetzt produzierte Unimog 404.1 bzw. Unimog S spielte mit seinem im Wesentlichen auf militärische Nutzung ausgerichteten Zuschnitt – und vor allem dem durstigen Benzinmotor – keine Rolle in den Überlegungen bezüglich der Entwicklung

Der neue 416er fiel durch seine Unimog-untypischen Proportionen auf – besonders, wenn er, wie das abgebildete Exemplar, mit dem langen Rahmen und entsprechend großem hinteren Überhang ausgestattet war. **Daimler Truck AG**

Vor allem eine Radstandverlängerung stand in Mittelpunkt der weiteren Unimog-Entwicklung auf Basis der Baureihe 406. Zugleich startete der Aufbau eines Baukastensystems, mit dessen Hilfe weiteren Modellvarianten kostengünstig kreiert werden konnten. **Daimler Truck AG**

einer möglichst alle Leistungsklassen abdeckenden Modellfamilie. Nur für einige wenige private und kommunale Kunden stellte der als Leicht-Lkw konzipierte S eine erwägenswerte Alternative dar. Stattdessen lag der Fokus der Entwickler, dem Zug der Zeit folgend, zunächst nicht auf einem Modell der leichten Klasse, sondern auf einem weiteren Ausbau des durch den erfolgreich gestarteten 406 bedienten oberen Marktsegments. In welche Richtung sich dessen Konzept am nützlichsten für die Käuferzielgruppe und zugleich am kostengünstigsten für das Unternehmen weiterentwickeln ließe, lag auf der Hand: Einerseits konnte man mit nur geringem Aufwand eine nächste Leistungsstufe des mit hohen Reserven ausgestatteten OM 352 zünden, und andererseits war eine deutliche Verlängerung des Radstands mithilfe eines längeren Fahrgestellrahmens vergleichsweise preiswert zu realisieren.

Ein logischer Schritt

Ein verlängerter Radstand brachte eine ganze Reihe von Vorteilen mit sich. Zunächst bedeutete er deutlich mehr Raum, was in jedem Fall die Transportkapazität auf der Pritsche erhöhte, aber gegebenenfalls auch den Einsatz größerer An- und Aufbaugeräte auf der Ladeplattform erlaubte und die Spezifizierung einer Doppelkabine wesentlich attraktiver machte. Im Unterschied zum 406 blieb hier immer noch ein akzeptables Pritschenformat erhalten. Ein nicht zu unterschätzender Vorzug war aber auch, dass der längere Radstand ein besseres Straßenfahrverhalten nach sich zog, das vor allem durch eine höhere Stabilität und Spurtreue gekennzeichnet war. Dies traf in besonderem Maß zu, wenn die Fahrzeuge als Sattelschlepper ausgestattet werden oder individuelle Aufbauten tragen sollten, beispielsweise für einen Einsatz bei der Feuerwehr oder im Rahmen gewerblicher oder kommunaler Aufgaben wie etwa für Kanalreinigungsarbeiten.

Der Neue kommt

In die Tat umgesetzt wurden alle diese Überlegungen bereits im September 1965, als man in Gaggenau die neue Unimog-Baureihe 416 einführte. Sie sollte mit ihrem Zuwachs an Länge und Motorleistung als neues Spitzenmodell innerhalb der Unimog-Familie positioniert werden. Der seit rund einem Jahr als Standardausstattung im 406er zum Einsatz kommende OM 352 war im Neuen mit einer Höchstleistung von 80 PS/59 kW ausgewiesen, was der 5,7 Liter große Diesel-Sechszylin-

Besonders vom verlängerten Radstand profitierte die Sattelschlepperausführung des 416, der damit auch als Zugmaschine besonders anspruchsvolle Aufgaben erledigen konnte.
Fotos: Daimler Truck AG

Auch unter ungewöhnlichen Bedingungen in der Landwirtschaft, wie hier auf einer großen Anbaufläche in Afrika, bewährte sich das neue Unimog-Spitzenmodell mit seinem nun 80 PS/59 kW leistenden Antriebsaggregat auf Anhieb. Daimler Truck AG

der natürlich locker aus dem Ärmel schüttelte. Erst im Monat zuvor war diese Motorversion optional für die nun ausschließlich mit offenem Fahrerhaus versehenen Triebköpfe verfügbar gemacht worden. Bei den regulären 406ern dauerte es dagegen noch fast ein Dreivierteljahr, bis aus dem U 65 der U 70 wurde und noch einmal drei weitere Jahre, bis die vollen 80 PS/59 kW unter die Kurzhaube einzogen. So wurde der 406er vom neuen 416er zunächst einmal auf Platz zwei in der seinerzeit aktuellen Unimog-Modellhierarchie herabgestuft.

Schaffung eines Baukastensystems

In puncto Radstandverlängerung griff man bei den Fahrzeugen der Baureihe 416 auf Bekanntes und Bewährtes zurück. Man übernahm kurzerhand das Maß von 2900 mm, das bereits seit 1955 im Unimog 404.1 bzw. S die Regel war. Gegenüber dem Unimog 406, der während seiner gesamten Bauzeit in dieser Hinsicht unverändert blieb, bedeutete das zunächst einen Zuwachs von 520 mm. Etwas überraschend – wenn auch sehr praxis- und damit kundenorientiert – war aber, dass sich die Entwickler dazu entschlossen, bei gleichbleibendem Radstand bereits zum Modellstart zwei unterschiedliche Rahmenlängen vorzusehen. So konnten Interessenten zwischen den Maßen 4207 mm und 4687 mm wählen, was den 416er mit Blick auf mögliche Einsatzbereiche für besonders viele Anwendungen prädestinierte. Da der Radstand sich nicht veränderte, bedeutete das zwei unterschiedlich lange hintere Rahmenüberhänge. Beim kürzeren entsprach das Maß von 425 mm dem am Unimog 406, während der längere stattliche 905 mm betrug, was schon bei flüchtiger Betrachtung ein völlig neues und ungewöhnliches optisches Erscheinungsbild ergab – besonders wenn hinten eine Pritsche vorhanden war. Da das Fahrgestell des neuen Modells bis zur Rahmenkröpfung mit dem des 406ers weitestgehend identisch war, hatten die Entwickler die Möglichkeit, auf zahlreiche Gleichteile zurückzugreifen. Sie schufen damit zunächst bei den modernen großen Modellen die Basis für ein Baukastensystem, das es erlaubte, weitere Varianten relativ kostengünstig zu realisieren. Wesentliche Teile davon sollten auch für die kleineren Modelle verwendbar sein, die sich in Gaggenau bereits in einem fortgeschrittenen Entwicklungsstadium befanden und

Der U 90 markierte in der Baureihe 416 die erste Steigerungsstufe in puncto Motorleistung. Daimler Truck AG

Mit kurzem hinterem Rahmenüberhang und entsprechend kurzer Pritsche ergab sich hinter dem Fahrerhaus ein vielfältig nutzbarer Einbauraum für An- bzw. Aufbaugeräte. Daimler Truck AG

in absehbarer Zeit auf den Markt gebracht werden sollten. Da sich aber die alten 411er noch immer eines relativ großen Zuspruchs erfreuten und das Thema immer höherer Motorleistungen hier offensichtlich eine weniger bedeutende Rolle spielte, bestand kein so großer Zeitdruck, wie er noch vor der Einführung der Baureihe 406 geherrscht hatte, etwas Neues zu präsentieren.

Ein Dauerproblem

Die vor dem Marktstart des Unimog 416 zu klärende Frage, wie sich das neue Spitzenmodell in die Nomenklaturen der Unimog-Familie einpassen ließe, wurde von den Produktplanern und Marktingspezialisten in Stuttgart und Gaggenau nicht zum ersten Mal etwas kurzsichtig beantwortet. In puncto Baureihenbezeichnung hatte es schon bei den 406ern eine gewisse Verwunderung gegeben: Ganz oberflächlich betrachtet – wie es etwa dem Blick von Kaufinteressenten entsprach –, war es nicht nachzuvollziehen, dass der alte kleine Unimog die Baureihenbezeichnung 411 trug, das neue, viel größere und leistungsstärkere Modell aber nicht – wie es sich auf Anhieb wohl erschlossen hätte – 441 oder 451, sondern 406 genannte wurde. Zwar mag diese Ziffernkombination aus unternehmensinterner Sicht vielleicht sinnvoll und schlüssig gewesen sein, aber vertrieblich gesehen war sie eher kontraproduktiv und rief immer wieder Fragen von Kunden hervor. Immerhin stellte die für die neue Baureihe gewählte Bezeichnung 416 den Versuch dar, eine durchschaubarere Struktur ins Unimog-Fahrzeugprogramm zu bringen. Aber auch hier sollte schon die nahe Zukunft zeigen, dass dies nicht gelungen war. So blieb es auch für die folgenden Jahrzehnte, trotz gelegentlicher Anläufe dies zu ändern, bei den eher unlogisch scheinenden Baureihenbezeichnungen.

Was ist was?

Noch irritierender, weil unmittelbar auf das Unverständnis der Unimog-Kunden treffend, verhielt es sich mit den Verkaufsbezeichnungen für die einzelnen Modelle. Zwar war es 1951, als der Unimog in Gaggenau startete, eine naheliegende und leicht erklärbare Idee gewesen, die Verkaufsbezeichnungen für den Unimog an die PS-Leistungen der einzelnen Modelle zu koppeln, doch funktionierte dies nur bis zum neuen U 80 der Baureihe 416 problemlos. Mit der ebenfalls ab 1965 erhältlichen Triebkopfversion U 80 T des Unimog 406 und erst recht mit dem regulären U 80 dieser Baureihe, der ab Januar 1969 eingeführt wurde, gab es jahrelang mehrere 80 PS/59 kW leistende Unimog-Modelle, von denen zwei unter der exakt gleichen Verkaufsbezeichnung angeboten wurden, aber unterschiedlichen Baureihen angehörten. Zu solchen unglücklichen Dopplungen kam es auch im weiteren Verlauf der Unimog-Geschichte immer wieder einmal, ohne dass diverse Umstellungen der Baureihen- und Modellbezeichnungs-Nomenklaturen dies verhindert hätten.

Dem Erfolg des neuen, mit längerem Radstand versehenen Modells tat das aber keinen Abbruch. Allerdings kam der 416er in den ersten Jahren in puncto Absatzzahlen nur langsam in die Gänge und blieb weit hinter den Verkäufen der 406er-Modelle zurück – wobei es sicher auch einen gewissen Kannibalisierungseffekt zwischen den Fahrzeugen beider Baureihen gab. Davon ließ man sich aber weder in Gaggenau noch in Stuttgart irritieren, denn die Unimog-Spezialisten kannten ihre Absatzmärkte sehr genau: Ab 1968 zogen die Zahlen merklich an, und der 416 startete eine Karriere, die fast 30 Jahre

Nur wenige der U-100-Modelle haben überlebt. Hier ein bestens erhaltenes Exemplar mit H- Kennzeichen. **Foto: Ralf Weinreich**

extreme Geländegängigkeit

niedrige Schwerpunktlage

Aufbauraum mit Anbaupunkten

geringer Wendekreis

leistungsfähige Dieselmotoren

geräumige, wetterunabhängige Kabine

starke Verwindungsfähigkeit des Rahmens

Differentialsperren in beiden Achsen

Große Böschungswinkel durch geringe Aufbauüberhänge

Mit extralanger Pritsche verfügte der U 416 über ein Transportvolumen wie ein mittelschwerer Lkw. Daimler Truck AG

Ein in seinem Umfang letztlich unerwarteter Erfolg wurden die eigens spezifizierten Militärversionen des 416ers. Daimler Truck AG

In der Frontansicht war der neue 416er nicht vom bisherigen Spitzenmodell 406 zu unterscheiden. Daimler Truck AG

andauern sollte und insgesamt 21 verschiedene Baumuster umfasste. Damit etablierte er sich bis fast zum Jahrtausendwechsel als einer der wichtigsten Vertreter der Unimog-Modellpalette.

Long- und Bestseller

Mit dem erstmaligen Angebot von zwei alternativen Rahmenlängen, die in Verbindung mit dem verlängerten Radstand geliefert werden konnten, vergrößerten die Fahrzeuge der Baureihe 416 den am Unimog interessierten potenziellen Kundenkreis erheblich. Angesichts der Verkaufsstärke des alten 411 und des erst seit rund zwei Jahren auf dem Markt befindlichen 406ers, hielten sich, wie erwähnt, die Absatzzahlen des neuen – und teureren – Spitzenmodells aber zunächst noch eine ganze Weile lang in engen Grenzen. Von seiner Einführung im September 1965 bis Ende 1967 fanden gerade einmal etwa 300 Fahrzeuge Käufer – und die kamen keineswegs bevorzugt aus dem landwirtschaftlichen Umfeld. Die spezifischen Stärken des 416ers waren für einen Einsatz

Das offene Fahrerhaus mit Klappverdeck war an den Fahrzeugen der Baureihe 416 deutlich seltener zu anzutreffen als die Ganzstahlkabine – ein Trend, der sich im Lauf der Jahre bei fast allen Unimog-Baureihen fortsetzte. Daimler Truck AG

Durch seinen langen Radstand bot sich der längere Bruder des 406 auch als ideale Basis für Feuerwehraufbauten an - hier als Rüstwagen.
Daimler Truck AG

Der ab 1970 erhältliche U 110, später in U 1100 umbenannt, wurde mit 110 PS/81 kW zur zweitstärksten Ausführung der 416er-Baureihe. Daimler Truck AG

im bäuerlichen Betrieb nicht mehr so sehr gefragt. Zwar hatte der Strukturwandel in der Landwirtschaft Mitte der 1960er-Jahr schon stark um sich gegriffen, und der Trend zur Steigerung der Betriebsgrößen war längst nicht mehr aufzuhalten, aber die veränderte Spezifikation des Unimog 416, mit längerem Radstand und weiter erhöhter Zugleistung, brachte auf modernen, immer stärker mechanisierten Höfen kaum mehr Effizienzvorteile.

Alleskönner unter Druck

Das galt insbesondere auch für die Kernkompetenz des Unimog als Universalist. In Betrieben solchen Zuschnitts spielte ein »Alleskönner« kaum mehr eine tragende Rolle – nun schlug immer vernehmlicher die Stunde der Spezialisten. Zwar konnte der Unimog eine Vielzahl von Aufgaben hervorragend und kosteneffizient erledigen, aber für die zunehmend intensivere Bewirtschaftung, die gefordert war, rückten die klassischen Traktoren, und mit ihnen auch selbstfahrende Landmaschinen, wieder stärker in den Blickpunkt des Kundeninteresses. Nachdem die Branche in ihrer Breite ebenfalls einen Strukturwandel mitgemacht und inzwischen zu neuer Stärke gefunden hatte, verschärften die großen deutschen und internationalen Hersteller die Wettbewerbssituation für den Unimog erkennbar. Viele gute Argumente für eine Anschaffung des Multitalents liefen im Bereich der Landwirtschaft inzwischen ins Leere. Seine vormals so gefragte Fähigkeit zum Straßentransport verlor mit Blick auf die modernen Schlepperkonstruktionen und auch die immer stärkere Arbeitsteilung durch die Einbindung von spezialisierten Lohnunternehmern im Transportbereich weiter und weiter an Bedeutung. Auch in puncto Motorleistung und Nebenabtriebe standen aktuelle Traktoren dem Unimog in kaum etwas nach. Und was die zahlreichen An-, Aufbau- und Zuggeräte für die Bestellung von Anbauflächen anging, hielt die einschlägige Industrie mittlerweile immer raffiniertere Konstruktionen bereit, die auf die wachsenden Betriebsgrößen wie

Der deutlich längere Radstand des Unimog 416 machte die Doppelkabinenausführung wesentlich verkaufsträchtiger als beim 406er. Vor allem, weil das verbleibende Pritschenformat eine höhere Transportkapazität bot. Daimler Truck AG

Nicht zuletzt für Umzugsunternehmen war der Unimog 416 mit Doppelkabine eine optimale Wahl: Die Kabine bot genügend Raum fürs Personal, auf der Pritsche war Platz für zahlreiche Utensilien, und die Zugleistung des erstarkten OM 352 genügte auch hohen Ansprüchen. Daimler Truck AG

auch auf den Einsatz mit Traktoren bestens abgestimmt waren. Hinzu kam, dass das Angebot an selbstfahrenden Landmaschinen, die mit vergleichsweise riesigen Kapazitäten aufwarteten und mehrere Arbeitsgänge in einem und mit minimalem personellem Aufwand ausführten, ständig anwuchs.

Neue Talent-Schwerpunkte

Vor dem Hintergrund dieser Entwicklung, die sich natürlich nicht abrupt, sondern eher schleichend abspielte, war es nicht verwunderlich, dass die Entwickler der Baureihe 416 mit dem Fahrzeugkonzept verstärkt Abnehmerkreise aus gewerblichen, industriellen und nicht zuletzt auch kommunalen Bereichen ansprechen wollten. So stand bei den neuen Modellen weniger ein weiterer Ausbau der über die Nebenabtriebe und Anbaugeräte ohnehin vorhandenen Einsatzvielfalt im Fokus, sondern die neuerliche Steigerung des Zugvermögens und die Möglichkeit, aufgrund der Radstand- und Rahmenverlängerung auch vielfältigere Aufbauten zu ermöglichen. Hier war unter anderem ein wichtiger Vorteil, dass auch die mit kurzem Rahmen versehene Version des 416 – anders als der nahe Verwandte 406 – bereits werkseitig als Sattelschlepper ausgeführt werden konnte.

Gleiche Kabine, mehr Kraft

In dieses Gesamtbild passte, dass die Fahrzeuge der Baureihe 416 im September 1965 zunächst mit Ganzstahlfahrerhaus und erst zwei Monate später mit offener

Auch Kunden aus dem Kommunalbereich, wie hier das Fuhramt der Stadt Stuttgart, konnten Doppelkabinen-416er bestens gebrauchen – wobei der Winterdienst nur eine von zahllosen Verwendungszwecken darstellte. Daimler Truck AG

Auf den ersten Blick kaum von der Militär-Unimog-Baureihe 404.1 zu unterscheiden: Unter der Baumusterbezeichnung 416.114 machte der Neue – quasi als »404-light« – auch eine steile Karriere in »mattoliv«. Mit seinem Dieselmotor war er als sparsames Unterstützungsfahrzeug sehr gefragt. Curtis Winston, CC BY-SA 3.0, via Wikimedia Commons

Kabine auf den Markt kamen. Wie im 406er war das Fahrerhaus nach vorne kippbar, um besseren Zugang zu den Antriebskomponenten zu gewährleisten. Von den bis Januar 1969 gebauten, ersten 416ern, die als U 80 verkauft wurden, waren nur 146 mit einer offenen Kabine ausgestattet, während mehr als 500 Exemplare ein Ganzstahlkabine besaßen. Optisch und technisch unterschieden sich die Fahrerhäuser von 406 und 416 in nichts voneinander. Die hier angesetzten verschiedenen Modellpflegemaßnahmen wurden an den Fahrzeugen beider Baureihen parallel durchgeführt. Nach den dürftigen Absatzzahlen der ersten Jahre löste der auf 90 PS/66 kW erstarkte U 90 noch im Januar 1969 den U 80 ab und wahrte damit den Abstand zur 406er-Baureihe, bei der nun zum gleichen Zeitpunkt wiederum der U 80 eingeführt wurde. Zwei Monate zuvor, im November 1968, hatte die leistungsgesteigerte Version des OM 352 bereits im U 90 T debütiert und die Verkäufe der Unimog-Triebköpfe auch der Baureihe 416 noch einmal beflügelt.

Geniestreich der Verkaufsabteilung

Noch in ganz anderen Größenordnungen trug eine im Herbst 1969 präsentierte Ausführung der 416er-Modelle

Das abgebildete Trockenlöschfahrzeug TroLF 1000 auf Basis des Unimog 416 ist einem Minimax-Aufbau versehen und wurde auf einem Regionalflughafen stationiert.
Daimler Truck AG

Selbst für ausgesprochen sperrige Aufbauten wie dieses Bohrgerät mit zusammenfaltbarem Gittermast war auf der Aufbauplattform eines Unimog 416 genügend Platz vorhanden. Daimler Truck AG

Zur Erledigung von Spezialaufgaben wie der Einbringung von Langholz in Steillagen war der Einsatz eines Unimog 416 Mitte der 1960er-Jahre noch ohne Alternative. Dieses Fahrzeug mit seltener offener Kabine ist mit einem sogenannten Kippmastgerät sowie einem Seilkran ausgestattet. Daimler Truck AG

Durch die Verfügbarkeit zweier unterschiedlicher hinterer Rahmenüberhänge konnten Unimog-Kunden eine Doppelkabine auch mit größeren Aufbauten kombinieren. Ein gutes Beispiel ist dieses Kommunalfahrzeug mit Kanalspülaufbau. Daimler Truck AG

zum enormen Erfolg der Baureihe bei. Mit nun auf runde 100 PS/74 kW gebrachter Motorleistung ergänzte der U 100 das Programm, der ganz ausdrücklich als Straßenzugmaschine und geländegängiger Leicht-Lkw positioniert wurde. Es ist zu vermuten, dass die Produktplaner bei Daimler-Benz mit der Vorstellung dieser Version nicht den Zufall herausfordern wollten, sondern ganz gezielt einen lukrativen Absatzmarkt anvisierten: Da der 416er als U 100 bestens in die NATO-2-Tonnen-Fahrzeugklasse passte, stellte man in Gaggenau eine Ausführung mit offenem Fahrerhaus und Sitzbänken auf der Pritsche zusammen, die, ähnlich wie der zu diesem Zeitpunkt noch unverändert gebaute Unimog S, als geländetauglicher leichter Transport-Lkw oder alternativ als leistungsstarke Zugmaschine bei den Beschaffungsstellen verschiedenster internationaler Streitkräfte Eindruck machte. Zwar war diese Variante des Unimog 416 nicht im Detail auf eine militärische Nutzung ausgelegt, aber für Unterstützungseinsätze im Hintergrund hervorragend geeignet. Der größte Trumpf dieses Baumusters, das die Bezeichnung 416.114 trug, war natürlich seine Motorisierung. Mit ihren 100 PS/74 kW konnten diese Unimog in puncto Fahrleistungen mühelos mit den eigentlichen Militärversionen mithalten und hatten dabei einen wesentlichen Vorteil: Ihre Dieseltriebwerke verbrauchten viel weniger Kraftstoff als die Sechszylinder-Ottomotoren in den Unimog 404.1 bzw. S.

Überraschender Erfolg

Wie die zivil genutzten U 90 und U 100, die aber überwiegend mit festem Fahrerhaus bestellt wurden, profitierten die ausschließlich offen ausgeführten Exemplare des Baumusters 416.114 von der zeitlich parallel auch bei offenen 406ern vollzogenen Rückkehr zur planen, umklappbaren Frontscheibe. Dass der Schachzug, eine geringfügig angepasste Version des 416ers – der ja auch denselben Radstand aufwies wie der Unimog 404 – auch solchen internationalen Militärbehörden anzubieten,

Sogar unter Tage machte sich der U 416 mit seinen besonderen Qualitäten nützlich. Im Bild eine Spezialversion, basierend auf einer Triebkopfversion U 90 T mit angebautem Rahmenteil, angetriebenen Achsen und geräumiger Kippmulde. Daimler Truck AG

die die Dieselmotorisierung nicht als Nach-, sondern als Vorteil ansahen, so erfolgreich sein würde, hatte wohl weder in Gaggenau noch in der Stuttgarter Konzernzentrale irgendjemand erwartet. Tatsächlich hielt man dieses Fahrzeugbaumuster bis 1990 regulär im Programm – und konnte über 19.000 Einheiten davon verkaufen. 1994 wurden sogar noch 31 Fahrzeuge nachproduziert. Auf diese Weise avancierten die Fahrzeuge der Baureihe 416 mit insgesamt 45.544 Exemplaren zur zweiterfolgreichsten Unimog-Version aller Zeiten. Nur von den speziellen Militärmodellen der Baureihe 404 bzw. S wurden noch mehr hergestellt.

Kontinuierlicher Kraftzuwachs

Der rein zivile U 100, der auf der Frankfurter IAA im September 1969 seine Premiere feierte, blieb nur ein gutes Jahr lang im Programm. Während er als Baumuster 416.114 weiterlief, kam zum Jahreswechsel 1970/71 der U 110 neu ins reguläre Programm. Hier war der OM 352 einer Kraftkur auf mittlerweile 110 PS/81 kW unterzogen worden, womit er nicht mehr weit von den stärksten Lkw-Versionen des Sechszylinder-Triebwerks entfernt war, die in Saugmotor-Ausführung bis zu 126 PS/ 93 kW leisteten. Wie es sich bei Unimog eingebürgert hatte, war das 110 PS/81 kW-Aggregat schon einige Zeit

Optisch waren die Triebköpfe der 416er-Baureihe nicht von denen der 406er zu unterscheiden. Wegen des hinteren Hubwagenaufbaus bot auch der Radstand keinen Anhaltspunkt.
Daimler Truck AG

früher, bereits ab Oktober 1968, in die Triebkopfversion U 110 T eingebaut worden. Dabei war es den Motorenentwicklern bei der neuerlichen PS/kW-Anhebung wieder einmal gelungen, die grundsätzliche Leistungscharakteristik des großvolumigen Sechszylinder-Diesels nahezu vollständig beizubehalten. So veränderte sich trotz der Mehr-PS/kW die schon seit dem U 90 gültige Nenndrehzahl von 2800/min nicht. Lediglich das Drehmomentmaximum, das bereits im U 100 auf 318 Nm angewachsen war und im U 110 unverändert blieb, lag nicht mehr bei 1600, sondern erst bei 1700/min an. Angesichts der grundsätzlichen Elastizität und Durchzugskraft des knapp 5,7 Liter großen Triebwerks war diese kleine Abweichung verschmerzbar und im Alltagsbetrieb auch unter anspruchsvollen Bedingungen nicht negativ zu bemerken.

Hohe Nutzlast

Mit dem Erreichen dreistelliger PS-Leistungen waren die 416er-Unimog mit ihrem verlängerten Radstand und einem maximal zulässigen Gesamtgewicht von um die 6 Tonnen zum einen ideal für schwere Zugaufgaben auf Betriebsgeländen oder im Nahbereich geeignet. Zum anderen boten sie aber auch eine perfekte und vor allem konkurrenzlose Basis für Spezialaufbauten, da mit dem Radstand von 2900 mm je nach technischer Ausstattung eine Nutzlast von bis zu 3,6 Tonnen möglich war. So kamen neben Standardausrüstungen wie Aufbaukrane häufig auch Feuerwehraufbauten, Kanalspülaufbauten oder sogar schwere Betonpumpen auf 416ern zum Einsatz, gerne auch in Verbindung mit einer Doppelkabine. Hierbei stand der Unimog natürlich nicht im Wettbewerb mit herkömmlichen Basisfahrzeugen aus dem Lkw-Bereich, sondern war immer dann erste Wahl, wenn auch schwer erreichbare oder ganz spezielle Einsatzorte wie zum Beispiel Flughäfen abzudecken waren.

Abschied von Reihe eins

Die Einführung des neuen Spitzenmodells U 110 im Herbst 1970 markierte nicht das Ende der gezielten technischen Weiterentwicklung der Baureihe 416. Im Gegenteil: Die Fahrzeuge profitierten bis zum Ende der Dekade von einem wahren Modernisierungsschub, der durch eine neu konzipierte, große Unimog-Generation ausgelöst wurde. Die ab 1975/76 auf den Markt kommenden Baureihen 425 und 435 spiegelten den seinerzeit aktuellen technischen Stand im Nutzfahrzeugbau wider und ließen den 416er, dessen Wurzeln in der mittlerweile etwas angejahrten Baureihe 406 lagen, ins zweite Glied der Modellpalette zurücktreten. Das bedeutete aber keineswegs, dass diese Fahrzeuge aufs Abstellgleis geschoben wurden. Dank ihrer kontinuierlichen technischen Aktualisierung blieben sie bis auf Weiteres ein wichtiger Faktor innerhalb der immer breiter werdenden Modellpalette, wie die Absatzstatistik eindrucksvoll beweist: Die zweite Hälfte der 1970er-Jahre entwickelte

Die Fa. Schörling gehörte zu den Spezialisten im Bereich Straßenreinigung. Dieser 416er trägt einen Aufbau des niedersächsischen Traditionsunternehmens und fungierte als sogenanntes Rillenreinigungsfahrzeug, das kommunale Straßenbahngleisnetze unterhielt. Daimler Truck AG

Ab 1969, als die Motorleistung des OM 352 auf 90 PS/66 kW angehoben wurde, stand der Unimog 416 auch in einer Triebkopfversion zur Verfügung. Eine solche ist hier mit einem Hubwagenaufbau kombiniert, in den eine voluminöse Kippeinrichtung eingehängt ist. Daimler Truck AG

Brüder im Geiste: Der Unimog 404 (vorne), hier nicht als Militär-, sondern als seltenes Kommunalfahrzeug, teilte mit dem Unimog 416 (hinten) die Grundauslegung als hochgeländegängiger Leicht-Lkw. **Daimler Truck AG**

sich, maßgeblich getragen vom »olivgrünen« Baumuster 416.114, zur Hochzeit der 416er mit durchschnittlich etwa 3000 verkauften Exemplaren pro Jahr.

Die nächste Kraftspritze

Generell galt für die Modellfamilien des sich ab den 1960er-Jahren immer stärker ausdifferenzierenden Unimog-Programms, dass die Lebenszyklen der einzelnen Baureihen sich, bis auf wenige Ausnahmen, an den Gepflogenheiten im übrigen Nutzfahrzeugbau orientierten. Und dies trotz des größer werdenden Modellangebots, das zunehmend auch die kleinsten Lücken auszufüllen versuchte. Während bei den Personenwagen – nicht nur bei Daimler-Benz – im Schnitt etwa alle acht Jahre neue Fahrzeuggenerationen innerhalb der bekannten Baureihen auf den Markt kamen, dauerten diese Zyklen bei Nutzfahrzeugen wesentlich länger. Angesichts der in ihrer Auslegung stets auf Langlebigkeit getrimmten Lastwagen und Omnibusse sowie deren unterschiedliche Nutzungszwecke und Einsatzprofile war dies nicht verwunderlich. Vor diesem Hintergrund wurde, zeitlich nahezu parallel zur Einführung des U 110, Ende 1970 mit der Präsentation des noch stärkeren U 125 die Modellhierarchie innerhalb der Baureihe 416 noch einmal neu sortiert. War der U 80 noch vom U 90 abgelöst worden, so begann sich mit der Vorstellung des U 100, bald darauf des U 110 und wiederum wenige Monate später des U 125 das Angebot innerhalb derselben Baureihe zu vergrößern. Als neues Spitzenmodell lotete der U 125 das bisherige Leistungspotenzial des OM 352, das jahrelang nur mittelschweren Lkw-Modellen von Mercedes-Benz vorbehalten gewesen war, nahezu vollständig aus. Den deutlichen PS/kW-Zuwachs erkauften die Motorenentwickler aber mit einem auffällig veränderten Leistungsparameter: Während die Nenndrehzahl, also jene Drehzahl, bei der die Maximalleistung des Triebwerks anlag, mit 2800/min gegenüber den Modellen U 80, U 90, U 100 und U 110 gleichgeblieben war, stieg die Drehzahl, bei der das Drehmomentmaximum des Sechszylinder-Triebwerks verfügbar war, um immerhin 300/min auf 2000/min an. Für die Verhältnisse in einem so großvolumigen Diesel-Saugmotor war dies durchaus erstaunlich und sprach zumindest in der Papierform dafür, dass der U 125 im untersten Drehzahlbereich nicht jener Zugkraft-Champion war, der er hätte sein sollen.

Power wie noch nie

Manche Interessierte unkten, dass die Topversion der Baureihe 416 die Kraftübertragung, das altbekannte und im Wesentlichen unveränderte UG 2/27-Getriebe, stärker beanspruchen würde, als es auf lange Sicht zuträglich sei. In der täglichen Praxis erwiesen sich einschlägige Befürchtungen jedoch als unbegründet, zumal die Kernkompetenz des U 125 ja nicht im

In der Draufsicht erschließt sich, dass der 5,7 Liter Hubraum aufweisende Diesel-Sechszylinder OM 352, der im U 416 bis zu 125 PS/92 kW zur Verfügung stellte, perfekt ins Fahrgestell passte, aber wegen des verlängerten Radstands auch die Kopflastigkeit verstärkte. **Daimler Truck AG**

Auch mit der langen Pritschenausführung, die – ein Novum in der Modellgeschichte – einen erheblichen Hecküberhang mit sich brachte, behielten die Fahrzeuge der Baureihe 416 ihre Unimog-typische Geländetauglichkeit. Daimler Truck AG

Diese Doppelkabinen-Version auf Demonstrationsfahrt ist mit Zusatzscheinwerfern, Luftansaugschnorchel samt Zyklonfilter und zapfwellengetriebener Frontseilwinde umfangreich ausgestattet.
Daimler Truck AG

landwirtschaftlichen Einsatz und in der Nutzung der – gleichwohl vorhandenen – Nebenabtriebe lag. Vielmehr war er als Straßen-Zugmaschine für den Kurzstreckenverkehr konzipiert. Für diesen Zweck war die Leistungscharakteristik des 125 PS/92 kW starken und mit einem Drehmomentbestwert von 353 Nm ausgestatteten 5,7-Liter-Motors nach wie vor hervorragend geeignet. Mit seinen im Vergleich zu Lkw relativ kompakten Dimensionen, dem Allradantrieb, der serienmäßigen Servolenkung und dem verbrauchsgünstigen Selbstzünder unter der kurzen Haube avancierte der U 125 zu einer echten Alternative für anspruchsvolle

Einzig der Unimog – im Bild ein U 416 – bot die Möglichkeit, trotz einer Ausstattung als Sattelzugmaschine auch Anbaugeräte zu betreiben. Mithilfe des hydraulischen Krafthebers und der Zapfwelle kommt hier ein Erdbohrer zum Einsatz. Daimler Truck AG

Transporteinsätze im Nahbereich, nicht zuletzt unter Wirtschaftlichkeitsgesichtspunkten. Dennoch zeigte das Thema Leistungscharakteristik, dass selbst so souveräne Dieseltriebwerke wie der OM 352 seinerzeit an gewisse Grenzen stießen – sofern sie ohne Turboaufladung auskommen mussten.

Vorreiter in puncto Bremsen

Nach der 1970 verabreichten Leistungsspritze stellte die ab 1973 weiter erhöhte Spezifikation der Bremsanlage den nächsten Entwicklungssprung für die Fahrzeuge der Baureihe 416 dar. Dieser war sehr zukunftsweisend und verlieh allen stärker motorisierten Unimog-Modellen, die sämtlich davon profitierten, ein absolutes Alleinstellungsmerkmal für den gesamten Nutzfahrzeugbereich. Noch zu Beginn der 1970er-Jahre war schon die Ausstattung mit Scheibenbremsen nur an der Vorderachse eine seltene Ausnahme im Lkw-Bau. Selbst die ebenfalls 1973 eingeführten mittelschweren und schweren Mercedes-Benz Lastwagen der sogenannten „Neuen Generation", die unbestritten moderne Konstruktionen waren, mussten auch an der Vorderachse weitgehend noch mit Trommelbremsen vorliebnehmen. Nun aber versahen die Gaggenauer Entwickler die leistungsfähigeren Unimog-Typen sogar mit einer Vierrad-Scheibenbremsanlage, kombiniert mit einer automatischen Bremskraftregelung. Diese Maßnahme war durchaus etwas überraschend, weil sie mit Blick auf die Einsatzprofile dieser Unimog-Modelle nicht unbedingt erforderlich erschien – auch wenn sie allein schon wegen der Leistungs- und Sicherheitsreserven, die eine Scheibenbremsanlage üblicherweise mit sich brachte, grundsätzlich wünschenswert war. Mit dieser Ausstattung waren die betreffenden Modelle Pioniere im Nutzfahrzeugsegment und spielten in puncto Bremsvermögen und -stabilität definitiv in einer eigenen Liga.

Technik-Transfer vom Lastwagen

Ein weiterer technischer Fortschritt von erheblicher Bedeutung war ab Anfang 1974 die zunächst für den U 110 auf Wunsch erhältliche Wandlerschaltkupplung, die sich seinerzeit auch in anderen Segmenten des Mercedes-Benz Nutzfahrzeugprogramms allmählich verbreitete. Die Funktionalität des Systems war eine Reaktion auf die immer höheren Belastungen, die insbesondere schwere Fernverkehrs- und Bau-Lkw, Letztere speziell in Verbindung mit Geländeeinsätzen, zu bewältigen hatten. Bei der Jahrzehnte lang beim Unimog eingesetzten Wandlerschaltkupplung, kurz WSK genannt, handelt es sich um eine sogenannte Anfahrkupplung, die als Kombination aus normaler mechanischer Einscheiben-Trockenkupplung und hydraulischem Drehmomentwandler die Beanspruchung der bei Anfahrvorgängen besonders betroffenen Komponenten minimiert. Die WSK ist dem normalen mechanischen Getriebe vorgeschaltet und übernimmt, da der Drehmomentwandler und nicht die mechanische Kupplung die Drehzahldifferenz zwischen Motor und Kraftübertragung ausgleicht, den Vorgang des Anfahrens – ganz ähnlich wie bei einer Vollautomatik. Da die WSK aber als Halbautomatik konzipiert ist, erfolgen alle Gangwechsel wie bei mechanischen Schaltgetrieben per Kupplungsbetätigung durch den Fahrer und dessen manuelles Einlegen der gewünschten Fahrstufe.

Dank der leistungsstarken Motorisierung, seiner einzigartigen Fähigkeiten als Geländefahrzeug und der Möglichkeit, aufgrund des längeren Rad-stands auch größere Aufbauten unterzubringen, war der 416er auch bei Feuerwehren als Spezialeinsatzfahrzeug beliebt. Hier ein Waldbrandlöschfahrzeug mit Metz-Ausstattung. Daimler Truck AG

Premiere der Halbautomatik

Die Vorteile der Ausstattung mit einer Wandlerschaltkupplung lagen für den Unimog mit seinen vielfältigen Einsatzmöglichkeiten klar auf der Hand und vermochten den hierfür erforderlichen finanziellen Zusatzaufwand

Besonders im Zweiwege-Rangiereinsatz bewährte sich die halbautomatische Wandlerschaltkupplung, die ab Anfang 1974 zunächst für den U 110 gegen Aufpreis verfügbar gemacht wurde. Dieser U 416 ist zusätzlich mit einer Panorama-Kabine von Mulag ausgestattet. Daimler Truck AG

in überschaubarem Zeitraum zu amortisieren. Die WSK gewährleistete ein ebenso geschmeidiges wie feinfühliges Anfahren ohne Rücksicht auf den jeweils aktuellen Fahrzustand: sei es mit oder ohne Zuglast, sei es auf der Straße, im Betriebshof oder im anspruchsvollen Gelände. Durch den Einsatz des hydraulischen Drehmomentwandlers vollzog sich dabei jeder Anfahrvorgang ohne jegliches Rucken und darüber hinaus noch völlig verschleißfrei. Das verminderte zum einen die Belastung der mechanischen Kupplung und des gesamten Antriebsstrangs und schonte zum anderen die eventuell transportierte Ladung. Besonders zum Tragen kamen die Vorteile einer WSK etwa im Zweiwegebetrieb, wenn es galt, Rangierarbeiten auf der Schiene zu erledigen, oder wenn ein entsprechend ausgestatteter 416er auf Flugplätzen als Flugzeugschlepper eingesetzt wurde.

Stets erhielten die Triebkopfversionen des U 416 die neuesten Leistungsstufen des OM 352 als erste. Oben ist der entsprechende Niederflurhubwagen in Fahrstellung, unten in Ladestellung abgebildet. Daimler Truck AG

Historisch betrachtet, leitete die neuartige Anfahrkupplung in der Nutzfahrzeugsparte von Daimler-Benz den Prozess einer schrittweisen und punktuellen Automatisierung der Kraftübertragung ein – zum Besten der immer stärker strapazierten Mechanik und zum Besten der Fahrzeugführer, deren Bedienungsaufwand kontinuierlich reduziert wurde.

Noch mehr Radstand

Zeitgleich mit der optionalen WSK, also zum Jahresstart 1974, gelangte auch eine 416er-Version mit nochmals um 500 mm auf 3400 mm verlängerten Radstand ins Programm. Diese wartete dank ihrer um 600 mm vergrößerten Rahmenlänge mit einem noch größeren Raumangebot auf. Für Pritschenfahrzeuge resultierte dies in einem deutlichen Zugewinn an Transportkapazität, vor allem aber gab es nun genügend Platz für noch voluminösere Aufbauten von bis zu 3650 mm Länge. Die Schattenseite dieser Ausführung war natürlich, dass man es wegen der auf 5550 mm gewachsenen Außenlänge nicht mehr mit einem extrem wendigen und handlichen Unimog zu tun hatte, sondern eher mit einem Fahrzeug in regelrechtem Lastwagenformat. Zum Beispiel betrug der Wendekreis eines solchen Lang-Modells statt bisher 12,5 Meter nun 14 Meter.

Neue Namen, alte Unklarheit

Erhältlich war diese Version nur für einen Typ der 416er-Familie – und da kam wieder das bei Daimler-Benz stets beliebte Nomenklatur-Thema ins Spiel…: Um für mehr Klarheit und eine durchschaubare Struktur im komplexer werdenden Unimog-Programm zu sorgen, machten sich die Verantwortlichen des Unternehmens im Verlauf der ersten Hälfte der 1970er-Jahre wieder mal Gedanken um neue Modell- bzw. Verkaufsbezeichnungen. Das Ergebnis war ein Abgehen von der starren und präzisen Nennung der PS-Leistung der jeweiligen Modellversion. Diese hatte ja schon im Fall des U 80, den es sowohl in der Baureihe 406 als auch in der Baureihe 416 gab, für eine Dopplung gesorgt. Um Ähnliches zu vermeiden, entschloss man sich, bei der Modellbezeichnung hinter dem »U« nun auf eine vierstellige Ziffer überzugehen, die in etwa dem Zehnfachen der jeweiligen PS-Leistung entsprach, aber – und das war der Haupteffekt – gerundet werden konnte. So wurden der U 100, der U 110 und sogar der U 125 künftig unter der gemeinsamen Modellbezeichnung U 1100 geführt, während die Version mit dem 3400-mm-Radstand U 1100 L genannt wurde. So weit, so gut – erklärungsbedürftig, weil aus dieser Bezeichnung nicht eindeutig ablesbar, war aber wiederum, dass nur die Ausführung mit 110 PS/81 kW mit dem extralangen Radstand verfügbar war, nicht aber die mit 100 PS/74 kW und auch nicht die mit 125 PS/92 kW. Auf diese Weise reduzierte sich zwar der Wust an Verkaufsbezeichnungen, aber Klarheit und eine auf den ersten Blick erkennbare Systematik zu schaffen, gelang damit wieder nicht. Dem riesigen Verkaufserfolg des Unimog 416 tat das aber keinem Abbruch.

Deutlich seltener geordert als die Normalausführung wurde der U 100 bzw. später U 1100 mit dem extralangen Radstand von 3400 mm. Der weiter gesteigerten Transportkapazität der fünfeinhalb Meter langen Fahrzeuge stand eine gewisse Einbuße an Handlichkeit gegenüber.

Produktion Unimog 416 (1965-1990)														
BM	**1965**	**1966**	**1967**	**1968**	**1969**	**1970**	**1971**	**1972**	**1973**	**1974**	**1975**	**1976**	**1977**	**Gesamt**
416.122		12	14	8	11	22	10	15	23	9	12	1		**137**
416.123	1	41	51	68	115	110	113	122	122	155	116	4		**1.018**
416.124	2	9	30	67	99	140	46	53	29	67	20			**562**
416.125	16	51	55	220	180	201	192	146	119	145	236	3		**1.564**
416.126		2	0	2	5									**9**
416.127	2	10	9	5	7	4								**37**
416.130				1	10	6	7	3	6	8	8			**49**
416.133				144	343	207	78	41	47	36	25			**921**
416.135				1			59	83	105	84	57	63	82	
416.114					1.783	1.593	987	1.065	464	856	142	1.427	2.250	
416.115						16	64	118	154	314	589	480	348	
416.140					1	17	4	13	26	14	18	22	18	
416.141					21	217	277	220	237	292	260	235	295	
416.160					1	117	1	106	25	83	74	123	112	
416.163						3	8	36	45	98	98	215	132	
416.134								6	21	23	14	12	20	
416.162									50	1.350	48	520	367	
416.116										25	138	43	157	
416.117										5	120	137	134	
416.310											48	992	152	
Gesamt	**21**	**125**	**159**	**516**	**2.576**	**2.653**	**1.846**	**2.027**	**1.473**	**3.564**	**2.023**	**4.277**	**4.067**	
BM	1978	1979	1980	1981	1982	1983	1984	1985	1986	1987	1988	1989	1990	**Gesamt**
416.135	64	78	86	60	71	71	31	17	5	20	45			**1.082**
416.114	1.217	124	1.122	1.170	559	1.165	469	21	82	144	1.866	101	384	**18.991**
416.115	509	640	759	459	417	230	110	73	44	40	42	23		**5.429**
416.140	11	26	4	3	1	0	2	1	3	0	2	1		**187**
416.141	195	244	220	186	191	143	72	70	49	37	35			**3.496**
416.160	7	108	24	15	0	4	0	2	8	4	0	2		**816**
416.163	68	75	94	77	74	34	14	25	13	47	21	12		**1.189**
416.134	19	16	12	9	4	3	6	2	5	2	1			**175**
416.162	711	273	479	348	620	0	71	16	66	2	20			**4.941**
416.116	14	88	19	0	0	0	0	10	454	632	38			**1.618**
416.117	73	104	192	338	58	20	37	79	90	81	11	4		**1.483**
416.310	120	88	176	16	40									**1.632**
Gesamt	**3.008**	**1.864**	**3.187**	**2.681**	**2.035**	**1.670**	**812**	**316**	**819**	**1.009**	**2.081**	**143**	**384**	**45.336**

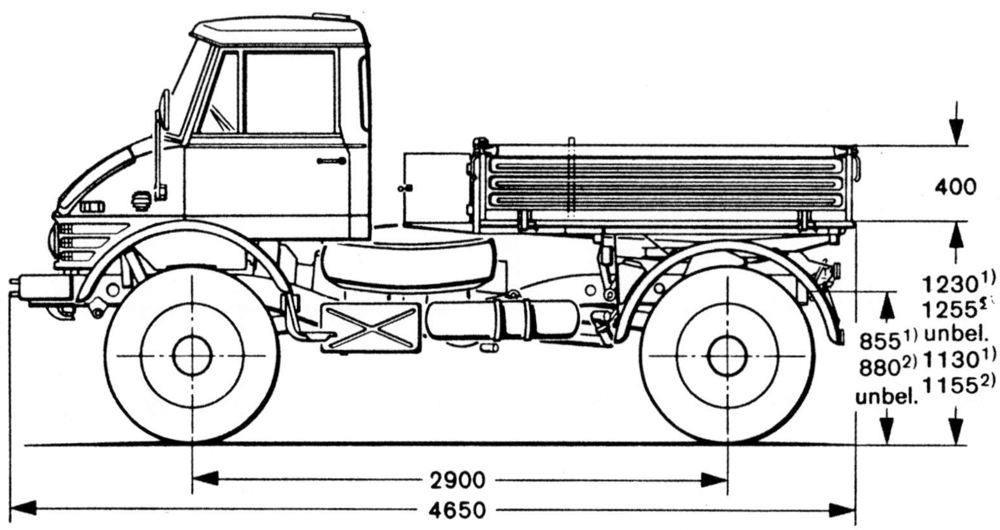

Epilog
Unimog 406 – Wegbereiter für die Zukunft

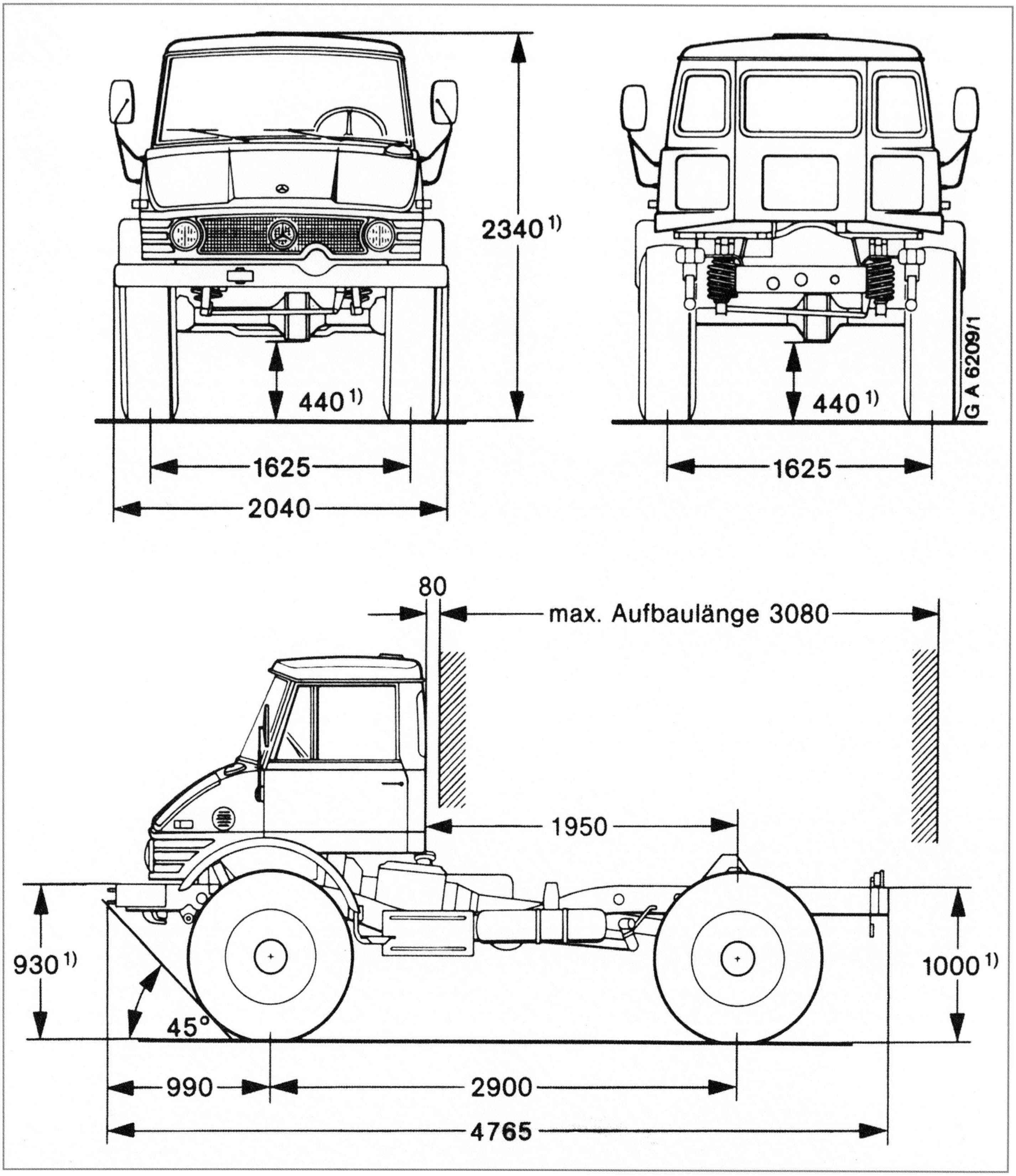
2340 1)
440 1)
440 1)
1625
2040
1625
G A 6209/1
80
max. Aufbaulänge 3080
1950
930 1)
1000 1)
45°
990
2900
4765

In der Rückschau betrachtet, begann mit der Einführung der Baureihe 406 die allmähliche, aber auf lange Sicht unverkennbare Abkehr von den eher zierlichen und dezent motorisierten Unimog-Modellen, wie sie bis dahin gebaut worden waren. Zwar versuchte man nach dem Ende des in der Tradition der frühen Modelle stehenden 411ers mit den ab Mitte der 60er-Jahre angebotenen Baureihen 421 und 403 sowie ab den 1990er-Jahren mit den Baureihen 408 und 418 auch das Marktsegment deutlich unterhalb der jeweiligen Leadermodelle weiterhin zu pflegen. Diese Bemühungen fielen jedoch recht halbherzig aus und waren absatztechnisch nicht von durchschlagendem Erfolg gekrönt. Auch die »Marke Unimog« Fahrzeugkonzepten anzuheften, die erkennbar kaum etwas mit dem Klassiker zu tun hatten, etwa beim als kompakte Arbeitsmaschine für Kommunaleinsätze konzipierten UX 100 oder dem mit manchen Lkw-Genen versehenen U 20, blieb letztlich ein vergeblicher Versuch, dem Unimog mit Blick auf seine weitere Existenz in für den Mutterkonzern wirtschaftlich herausfordernden Zeiten eine möglichst breite Basis zu verschaffen.

Wohlfühlzone: Das ist das Umfeld was ein Unimog braucht und wofür er gemacht wurde. HIer ein U 4023/U 5023 im unwirtlichen Tagebaugelände.
Daimler Truck AG

Bemerkenswerte Verkaufszahlen und substanzielle Umsätze brachten einzig die wesentlich weiter oben angesiedelten und natürlich teureren Modelle der Baureihen 425 bzw. 427 und 435 bzw. 437. Dass die generelle Wirtschaftlichkeit der Unimog-Produktion über viele Jahre hinweg dennoch ein Thema blieb, das insbesondere um die Jahrtausendwende enorm an Brisanz gewann und mit der Standortverlagerung von Gaggenau in das Mercedes-Benz Lkw-Werk nach Wörth einen in gewisser Hinsicht demonstrativen Höhepunkt erfuhr, hatte sicher nichts mit dieser verstärkten Schwerpunktsetzung in Richtung schwererer und stärkerer Modelle zu tun, die für ein Fahrzeug wie den Unimog unabdingbar war. Hier spielten im Hintergrund vielmehr strukturelle, das heißt über Jahrzehnte intern gewachsene Probleme eine Rolle, die dringend einer Lösung bedurften.

Ein weiterer Aspekt machte die Fahrzeuge der Baureihe 406 zu einer Besonderheit in der Unimog-Historie.

Parallel genutzte Anbauräume und ein Zweiachs-Anhänger im Schlepptau: Im kommunalen Einsatzspektrum stellt der aktuelle Unimog-Geräteträger der Baureihe 405 nach wie vor die Messlatte in puncto Multifunktionaliät dar. **Daimler Truck AG**

Bis heute eine Domäne des Unimog und eine Nische, in der er fast das Monopol besitzt: Als Zweiwege-Fahrzeug für den Einsatz auf der Straße und der Schiene sich auch die aktuellen Fahrzeuge der Baureihe 405 mit den verschiedensten Anbaugeräten kombinierbar, wie hier beispielsweise einer Gleissprühanlage der Firma Dammann. Daimler Truck AG

Jenseits des Kommunalbereichs machen sich die 405er mit ihren Talenten heute vor allem in der Forstwirtschaft nützlich, einem traditionellen Betätigungsfeld des Unimog. **Daimler Truck AG**

Es waren die letzten, die man bei Unimog bzw. Mercedes-Benz nicht weiteren Untergattungen zuordnete, wie man es bei den Fahrzeugen der nachfolgenden schweren Baureihen praktizierte. Bei den 406ern war der »Alleskönner« – mit Ausnahme der klar definierten Spezialausführung »Triebkopfversion« – schlicht noch der »Alleskönner«, ganz nach alter Sitte. Schon bei den umfassend modernisierten Baureihen 425 und 435, die Mitte der 1970er-Jahre auf den Markt kamen, wie auch bei den Ende der 1980er-Jahre präsentierten Interimsbaureihen 407 und 417, wurden die einzelnen Modellversionen je nach Spezifikation und im Sinne einer als notwendig erachteten Spezialisierung als »Zugmaschine«, »Arbeitsmaschine«, »hochgeländegängiges Fahrzeug« und eben »Triebkopfversion« positioniert. Damit war beim Unimog ein Weg in verschiedene Entwicklungsstränge vorgezeichnet, der zu den beiden heutigen Gattungen »Geräteträger« und »Hochgeländegängiger Unimog« führte, einerseits repräsentiert durch die Fahrzeuge der Baureihe 405 und andererseits durch die der Baureihe 437.4.

Dass diese Entwicklung den Unimog im Lauf der Jahrzehnte angesichts sich ständig verändernder Marktbedingungen vom Generalisten immer stärker zum Spezialisten für bestimmte Einsatznischen werden ließ, war Fluch und Segen zugleich: Zwar musste er sich vom so lange gepflegten Image des Alleskönners ein gutes Stück weit lösen, aber dank seiner nach wie vor einzigartigen, in den beiden aktuellen Fahrzeuggattungen besonders zum Ausdruck kommenden Qualitäten ist er heute mehr denn je ein hoch kompetentes, manchmal sogar unersetzliches Arbeitsgerät für vielfältigste Profieinsätze – und es sieht nicht so aus, dass sich daran, trotz drängender werdenden Fragen in puncto Antriebstechnik, in absehbarer Zeit etwas ändern wird.

Wo die Einsatzprofile hohe Motorleistungen sowie besondere Zugkraft und Nutzlastkapazität erfordern, sind Produktivität und Effizienz eines modernen, hochtechnisierten Unimog immer noch unerreicht. **Daimler Truck AG**

SOK U 4023

Die hochgeländegängigen Unimog der aktuellen Baureihe 437.4 stellen, wie sie es schon seit Jahrzehnten tun, den weltweiten Maßstab in puncto Geländetauglichkeit für reguläre Straßenfahrzeuge dar. Mit dem seit 2013 deutlich nach hinten versetzten Motor und dadurch veränderter Schwerpunktlage wurden diese Fähigkeiten noch einmal geschärft. Daimler Truck AG